Analyse technischer Möglichkeiten der nachträglichen Gebäudedämmung unter wirtschaftlichen Aspekten

Für Ben

Wenn du durch eine harte Zeit gehst und alles gegen dich zu sein scheint, wenn

du das Gefühl hast, es nicht mehr eine Minute länger zu ertragen, GIB NICHT AUF,

weil dies die Zeit und der Ort ist, wo sich die Richtung ändert.

Rumi (persischer Dichter, 1207–1273)

Impressum

Bibliografische Information der Deutschen Nationalbibliothek:
Die Deutsche Nationalbibliothek verzeichnet diese Publikation in der Deutschen Nationalbibliografie; detaillierte bibliografische Daten sind im Internet über http://dnb.dnb.de abrufbar.

© 2020 Thomas Eulenpesch

Herstellung und Verlag: BoD – Books on Demand, Norderstedt

ISBN: 978-3-7519-3436-7

INHALTSVERZEICHNIS

ABBILDUNGSVERZEICHNIS

TABELLENVERZEICHNIS

ZUSAMMENFASSUNG

Im Rahmen dieser wissenschaftlichen Arbeit erfolgte eine Untersuchung verschiedener Verfahren der nachträglichen Gebäudedämmung. Hierbei wurde unter anderem untersucht, welchen Nutzen der jeweilige Gebäudeeigentümer erzielen kann und welche Kosten durch die Umsetzung der einzelnen Maßnahmen entstehen.

Zunächst wurden ausgewählte Methoden der nachträglichen Gebäudedämmung sowie die rechtlichen Vorgaben betrachtet. Anschließend erfolgte einer Analyse verschiedener Bauteile unter Berücksichtigung der sogenannten Einblasdämmung. Diese Erkenntnisse wurden anhand einer Kosten-Nutzen-Analyse vertiefend betrachtet und ausgewertet.

Zusätzlich wurde verdeutlicht, welche Maßnahmen neben der nachträglichen Gebäudedämmung noch umgesetzt werden können, um eine zusätzliche Reduktion des Energieverbrauchs im Gebäude zu erreichen. Die Erkenntnisse dieser wissenschaftlichen Arbeit zeigen auf, dass auch vergleichsweise kostengünstige und minimalinvasive Maßnahmen wie die Einblasdämmung zu einer starken Reduktion des Energieverbrauchs beitragen können. Somit könnten auch eine Vielzahl von Gebäuden kostengünstig energetisch aufgewertet werden.

XIII

1 EINLEITUNG

1.1 PROBLEMSTELLUNG

Etwa 70 Prozent der Bestandsimmobilien, die vor 1979 gebaut wurden, befinden sich in einem energetisch nicht modernisierten Zustand und entsprechen somit nicht den heutigen Anforderungen an Energieeffizienz und Wohnkomfort (Reisbeck & Schöne, 2017, S. 373). Fehlende Dämmung an Dach und Außenwand (Hertel, et al., 2009, S. 150ff), alte Fenster und Anlagentechnik, der rund 13 Millionen Häuser führen zu einem Einsparpotential von rund 40 Prozent des Endenergieverbrauchs der deutschen Privathaushalte (Weis, 2015, S. 31ff).

Wird der durchschnittliche Heizwärmebedarf eines Einfamilienhauses (145 Quadratmeter Wohnfläche) in Höhe von ca. 160 kWh/m2a (Preuß & Schöne, 2010, S. 487)mit dem Bedarf einer nach dem Stand der Technik modernisierten Immobilie in Höhe von 100 kWh/m2a ins Verhältnis gesetzt, ergibt sich bei derzeitigen Brennstoffkosten von 0,07 EUR/kWh ein jährliches Einsparpotential von rund 600 EUR, was bei einem Bestand von 13 Millionen Häusern ein Volumen in Höhe von rund 7,8 Milliarden EUR bedeuten würde. Im Vergleich dazu liegt das Einsparpotenzial bei öffentlichen Gebäuden wie Rathäusern und Schulen bei jährlich über 20 Milliarden EUR (Reisbeck & Schöne, 2017, S. 3). Die energetische Sanierung von Bestandsimmobilien birgt demzufolge ein großes Einsparpotential, welches die Bauherren langfristig finanziell entlastet und dabei gleichzeitig positiv zum

Klimaschutz beiträgt (Riekmann, 2015, S. 98) (Barbey, 2012, S. 204). Auf der anderen Seite müssen hierfür auch hohe Investitionen in den privaten Haushalten getätigt werden, sodass hierbei auch die Kosten-Nutzen-Relation zu beachten ist.

Heutzutage wird oftmals der Fokus auf eine nachträgliche Gebäudedämmung mittels Dämmmaterialien wie Styropor gelegt. Diese Materialien sind jedoch in jüngster Zeit durch Brandkatastrophen in Verruf geraten (Geburtig, 2012, S. 48). Ein weiterer Nachteil dieser Materialien ist, dass diese aus Erdöl gewonnen werden und ein signifikanter Energieaufwand benötigt wird, um derartige Dämmmaterialien zu produzieren (Weizsäcker, von, Lindenberger, & Höffler, 2016, S. 285). Bei einer Betrachtung unterschiedlicher Literaturquellen wird jedoch deutlich, dass diesbezüglich keine einheitliche Meinung existiert. Denn unter anderem ergibt sich bei EPS ein Anteil an nicht erneuerbaren Primärenergie (PENRT) von 1.590 MJ (Institut Bauen und Umwelt e.V. (IBU), 2015, S. 8). Dieser muss entsprechend mit der erzielten Einsparung von Wärmeenergie verglichen werden, sodass sich eine energetische Amortisationszeit von wenigen Monaten ergibt. Somit würde eine Betrachtung unter Berücksichtigung der energetischen Amortisationszeit zu einer deutlich abweichenden Schlussfolgerung führen, als bei einer Betrachtung lediglich bezogen auf die Menge und Art der eingesetzten Rohstoffe.

Zeitgleich wird bei der nachträglichen Dämmung oftmals nicht berücksichtigt, dass Hohlschichten im Mauerwerk vorhanden sind, sodass die Wirkung der nachträglichen Gebäudedämmung Ihre Wirkung nicht, beziehungsweise nicht vollständig entfalten kann (Drewer, Nachträgliche Kerndämmung von Hohlwänden, 2017, S. 144). Hierbei sind jedoch auch regionale Unterschiede zu berücksichtigen. Da beispielsweise in Süddeutschland eher monolithisch gebaut wird, sind derartige Holschichten primär in Norddeutschland vorzufinden. Bei einer Gesamtbetrachtung des Wohngebäudebestandes in Deutschland ist zu erkennen, dass ein Anteil von 30% der Wohngebäude über zweischalige Mauerwerke verfügt (Sprengard, Trembl,

& Holm, 2014, S. 182). Somit ist hier ein großes Potential für eine nachträgliche Kerndämmung gegeben.

In vielen Gebäuden besteht jedoch die Möglichkeit, diese Hohlschichten mittels Einblasdämmung aufzufüllen und somit in eine kostengünstige Gebäudedämmung umzusetzen. Während für ein Wärmedämmverbundsystem Kosten von rund 100 €/m² entstehen liegen die Kosten bei einer Hohlschichtdämmung primär meist nur bei 20 €/m². Somit wird eine ressourcenschonende Gebäudedämmung ermöglicht und der Energiebedarf der Gebäude reduziert. Ziel dieser wissenschaftlichen Arbeit ist es, darzustellen, in wieweit eine nachträgliche Gebäudedämmung dazu beitragen kann, die Energiekosten für die Verbraucher und zeitgleich den Ressourcenverbrauch zu minimieren. Hierbei wird insbesondere auch auf die CO_2-Bilanz einer nachträglichen Gebäudedämmung eingegangen.

Ziel der Arbeit:
Im Rahmen dieser wissenschaftlichen Arbeit soll analysiert werden, ob die Nutzung von Einblasdämmung zur Dämmung von Außenwänden sowie zur Dämmung von Boden- und Deckenplatten als energetische Sanierungsmethode dazu beitragen kann, die Ziele der Bundesregierung hinsichtlich des Klimaschutzplans zu erreichen und zeitgleich eine positive Auswirkung auf die Privathaushalte hat.

Bei einer Betrachtung bisheriger wissenschaftlicher Veröffentlichungen wird in diesem Kontext deutlich, dass zwar primär die technischen Aspekte der Durchführung von derartigen Modernisierungsmaßnahmen betrachtet worden sind, jedoch die ökonomischen Auswirkungen nicht hinreichend berücksichtigt worden sind. Daher ist es Ziel dieser Arbeit, eine Brücke zwischen den technischen Aspekten und den ökonomischen Aspekten herzustellen und zeitgleich zu überprüfen, ob hierdurch ein positiver Beitrag zur Reduktion von Treibhausgasen entstehen kann.

1.2   THEORETISCHE GRUNDLAGEN

Bei älteren Gebäuden entweicht oftmals viel Wärme durch Außenwände, Fenster, Keller und Dach. Diese Wärmeverluste können durch eine nachträgliche Gebäudedämmung minimiert werden. Gleichzeitig ist eine Steigerung des Wohnkomforts sowie eine Reduktion der Energiekosten möglich. Sofern die Außenwände nicht oder nicht ausreichend gedämmt sind, kann in den Wintermonaten ein Gefühl der Unbehaglichkeit auftreten und ein erhöhter Wärmeverlust auftreten. Da die Wandflächen einen Anteil von rund 25% am gesamten Wärmeverlust eines Gebäudes darstellen ist es stets empfehlenswert ein Gebäude nachträglich zu dämmen.

Oftmals wird hierzu ein sogenanntes Wärmedämmverbundsystem eingesetzt. Ein derartiges System besteht aus Dämmstoff, der mittels Kleber auf die vorhandene Außenwand aufgebracht wird. Zur Stabilisierung und Windsogsicherung werden die Platten üblicherweise zusätzlich mit sogenannten Dübeln befestigt. Auf den Dämmstoff wird zunächst ein Armierungsmörtel und ein Armierungsgewebe aufgebracht, um mögliche Temperaturspannungen auszugleichen und eine Basis für den Oberputz herzustellen. Alternativ zum Oberputz können auch Klinkerriemchen genutzt werden.

Viele ältere Häuser, vorwiegend in Norddeutschland, bestehen jedoch aus einem sogenannten zweischaligen Mauerwerk. Hierbei existiert zu meinen das innere Mauerwerk und auf der Außenseite mit einem Abstand von ca. 5-10 cm ein zweites Mauerwerk, üblicherweise in Form von Klinkersteinen. Seit den 1960er Jahren besteht die Möglichkeit der nachträglichen Wärmedämmung eines zweischaligen Mauerwerks. Hierfür ist es notwendig geeigneten Dämmstoff in die Hohlschicht einzublasen. Dennoch wird dieses Verfahren bisher vergleichsweise selten angewandt.

Bei der sogenannten Einblasdämmung werden üblicherweise Löcher in die Außenwand gebohrt und durch diese wird Dämmstoff in den Hohlraum eingeblasen. Dies stellt im Vergleich zu anderen Verfahren wie beispielsweise der Montage eines Wärmedämmverbundsystems eine kostengünstigere Maßnahme dar und führt nahezu zu einem vergleichbaren Effekt. Jedoch muss beachtet werden, dass derartige Wärmedämmungen nur von Fachunternehmen, die über die notwendigen Geräte und über das notwendige Fachwissen verfügen.

Aber auch im Allgemeinen ist es notwendig die Auswahl einer Wärmedämmung mit großem Sachverstand und gründlicher Planung vorzunehmen, um spätere Mängel zu vermeiden. Beispielsweise können durch den alleinigen Austausch von Fenstern ohne nachträgliche Dämmung der Außenwände Schimmel- und Feuchteschäden entstehen im Gegensatz dazu ist eine nachträgliche Gebäudedämmung ohne den Austausch von Fenstern in Bezug auf Schimmel- und Feuchteschäden relativ unproblematisch. Daher muss stets ein geeignetes Maßnahmenpaket ausgearbeitet werden.

Insbesondere in Räumlichkeiten, die dauerhaft beheizt werden rechnen sich derartige Maßnahmen. Dennoch sollten angrenzende Räumlichkeiten, die nicht beheizt werden und beispielsweise nur als Abstellfläche genutzt werden unbeachtet bleiben. Denn durch eine fehlende Wärmedämmung können bei der Gesamtbetrachtung des Gebäudes erhöhte Heizkosten entstehen. Fehlende Wärmedämmmaßnahmen innerhalb des Gebäudes führen zwar üblicherweise nicht zu Schäden, könnten jedoch in Bezug auf den Energieverbrauch zu deutlich höheren Kosten im Vergleich zu gedämmten Bauteilen führen. Ausnahme bilden Innendämmungen, denn diese können zu einer stärkeren Auskühlung der angrenzenden Bauteile und dadurch zu einer Schimmelbildung führen. Hier sollte immer gut geplant und fachgerecht ausgeführt werden.

Bereits vergleichsweise geringe Maßnahmen wie die Dämmung einer Hohlsicht von 4 cm oder auch ein Wärmedämmverbundsystem mit wenigen Zentimetern Stärke, wie es in den 1970er Jahren verwendet worden ist führen bereits zu einer deutlichen Energieeinsparung. Auch wenn hierdurch bereits ein gewisses Potenzial unter wirtschaftlichen Aspekten ausgeschöpft ist, sollte stets über weitere Maßnahmen nachgedacht werden. Dies gilt insbesondere dann, wenn vorhandene Außenwände beispielsweise durch einen beschädigten Putz saniert werden müssen.

Hingegen muss bei älteren Dämmungen von Dächern darauf geachtet werden, dass diese meist nicht lückenlos ausgeführt worden sind. Somit wird hierdurch keine ausreichende Luftdichtheit gewährleistet, sodass unnötig Wärme aus dem Gebäude heraustransportiert wird. Daher ist insbesondere in diesem Bereich eine nachträgliche Gebäudedämmung empfehlenswert, um die Behaglichkeit zu steigern und Energiekosten zu senken.

1.3   METHODIK

Im Rahmen dieser wissenschaftlichen Arbeit sollen verschiedene Bauvorhaben ausgewertet werden und verschiedene Dämmverfahren hinsichtlich ihrer Kosten und der damit verbundenen Energieeinsparung ausgewertet werden. Dabei wir auf die Daten von mehr als 1.500 Bauvorhaben bei denen eine oder mehrere Maßnahmen der nachträglichen Gebäudedämmung angewandt worden sind ausgewertet. Ziel ist es, zu ermittelt, in welchem Zeitraum die getätigten Investitionen durch die eingesparte Energie kompensiert werden können.

2

THEORETISCHE GRUNDLAGEN

2.1 TECHNISCHE ASPEKTE BEI DER GEBÄUDEDÄMMUNG

2.1.1 Bauphysikalische Grundlagen

Mit der Dämmung von Gebäuden sollen gewisse Ziele erreicht werden, sodass auch bauphysikalische Aspekte berücksichtigt werden müssen. Insbesondere soll eine ausgeprägte thermische Behaglichkeit und ein niedriger Heizenergiebedarf erreicht werden. Darüber hinaus sollen Kondensationsprobleme und insbesondere der daraus resultierenden mögliche Schimmelbefall vermieden werden (Wosnitza & Hilgers, 2012, S. 229).

In der heutigen Zeit wird ein zunehmender Fokus auf eine möglichst luftdichte Gebäudehülle gelegt. Dies führt auch dazu, dass der natürliche Luftaustausch im Vergleich zu einem Altbau deutlich geringer ausfällt. Somit müssen durch geeignete Maßnahmen beispielsweise die Luftwechselraten erhöht werden, um negative Auswirkungen wie beispielsweise eine Schimmelbildung zu verhindern (Wosnitza & Hilgers, 2012, S. 235ff).

Der Einsatz von Dämmstoffen ist primär mit dem Ziel verbunden, einen bestmöglichen Wärmeschutz zu erreichen. Dies bezieht sich dabei einerseits auf den Wärmeschutz im Winter aber auch auf den Hitzeschutz im Sommer, bei dem eine übermäßige Aufheizung der Gebäude vermieden werden soll. Darüber hinaus tragen Dämmstoffe auf zu einem verbesserten Schallschutz bei (Joos, 2004, S. 66).

Darüber hinaus trägt eine effektive und effiziente Gebäudedämmung dazu bei, dass der Bedarf an Energie für die Beheizung im Winter beziehungsweise für die Klimatisierung im Sommer kleiner wird. Dadurch verringert sich ebenfalls die Emission von Kohlendioxid, insbesondere bei der Nutzung von fossilen Energieträgern zur Beheizung der Räumlichkeiten (Joos, 2004, S. 66).

Entsprechend ist zu erkennen, dass die Wärmedämmung von Gebäuden einen großen Einfluss auf die Nutzbarkeit des jeweiligen Gebäudes ausüben kann. Dies bezieht sich dabei insbesondere auch auf Aspekte wie eine komfortable Nutzung des Gebäudes.

2.1.2 Dämmstoffe: Verwendung und Zulassung

Bei der Nutzung von Dämmstoffen zur Dämmung von Gebäuden müssen bestimmte Vorschriften eingehalten werden. Ziel ist es unter anderem, sicherzustellen, dass durch die Maßnahme der Wärmedämmung keine Schäden am Gebäude hervorgerufen werden und sich keine negativen Auswirkungen für Nutzer und Anlieger wie beispielsweise durch herunterfallende Dämmstoffe ergeben.

Auch muss berücksichtigt werden, dass die Dämmstoffe nicht für jeden Verwendungszweck geeignet sind. Dementsprechend muss bei der Planung bereits auf die Auswahl geeigneter Dämmstoffe geachtet werden. Da die Hersteller die angebotenen Dämmstoffe üblicherweise durch unabhängige Stellen prüfen lassen, liegen hierbei sogenannte Verwendbarkeitsnachweise in Form von allgemein baurechtlichen Prüfungszeugnissen (abP), allgemeinen bauaufsichtlichen (abZ) Zulassungen oder eine europäische technische Zulassung (ETA) vor (Kuhlmann, 2017, S. 201).

Die Notwendigkeit derartiger Überprüfungen und Zulassungen ergibt sich insbesondere dann, wenn Dämmstoffe von allgemein anderen bekannten Regeln der Technik abweichen oder keine bestimmten bautechnischen Bestimmungen vorliegen. Die heutigen Baustoffe werden überwiegend unter Berücksichtigung der vom europäischen Institut für Normung herausgegebenen Vorgaben produziert und entsprechen der Bauproduktenrichtlinie und verfügen demnach über eine europäische technische Zulassung (BuFAS Bundesverband Feuchte & Altbausanierung e. V., 2011, S. 25f).

Darüber hinaus müssen die Vorschriften der jeweiligen Dämmstoffhersteller beachtet werden. Nur so kann sichergestellt werden, dass bei der Verwendung keine Schäden an Gebäuden und Nutzern entstehen. Als Beispiel hierfür sind bei einem WDVS die Art der Verklebung, die Verwendung von Klebematerialien und auch die Nutzung von Dübeln und deren Positionen bei der Montage zu nennen. Eine Verwendung von Produkten, die nicht durch den Hersteller freigegeben worden sind beziehungsweise nicht zum System des Herstellers gehören, führen im weiteren auch dazu, dass die Zulassung des Systems erlischt und seitens des Herstellers die Funktionsfähigkeit des gesamten Systems nicht garantiert werden kann. Im Schadensfall bleibt dann der Hausbesitzer beziehungsweise der Handwerker auf den Kosten sitzen. (Arndt, 2014, S. 378).

2.1.3 Gebäudedämmung und Brandschutz

Unter Berücksichtigung von Brandereignissen wird ein zunehmender Fokus auf einen möglichen Brand von Wärmedämmsystemen gelegt. Insbesondere Dämmstoffe wie Polystyrol sind aufgrund ihrer Beschaffenheit nicht dazu geeignet einer hohen Hitzebelastung standzuhalten. Ähnliches gilt für weitere Typen von Gebäudedämmstoffen wie beispielsweise Zellulose oder Hanf (Neroth & Vollenschaar, 2011, S. 1145ff).

Dennoch verfügen derartige Dämmstoffe weiterhin über eine Zulassung und werden auch heutzutage noch flächendeckend verbaut. Dennoch ist eine Gebäudedämmung mittels brennbarer Dämmstoffe unter Verweis auf die jeweilige Landesbauordnung beziehungsweise besondere baurechtliche Vorschriften nicht für alle Gebäude mehr möglich (Hahn, Schulte, Radeisen, Schult, & van Schewick, 2017, S. 198). Für Gebäude bis zur Gebäudeklasse 3 dürfen jedoch weiterhin „normal entflammbare" Dämmstoffe (bis Baustoffklasse B2) genutzt werden (Jäger, 2017, S. 221). Dennoch kann in Bezug auf die ökologischen Auswirkungen und die Sicherheit der Nutzer der Einsatz von nichtbrennbaren Dämmstoffen empfohlen werden.

Dementsprechend muss bereits bei der Planung darauf geachtet werden, welche Dämmstoffe für den geplanten Zweck geeignet sind (Vollenschaar, 2004, S. 904f) und ob eine baurechtliche Genehmigung des Einsatzes dieser Dämmstoffe möglich ist (Hahn, Schulte, Radeisen, Schult, & van Schewick, 2017, S. 198).. Darüber hinaus müssen auch die Wünsche der Gebäudenutzer bei der Auswahl von Dämmstoffen berücksichtigt werden. Durch derartige, in den Medien vorzufinden Brandereignissen, wird auch hierbei zunehmend ein Fokus auf nicht brennbare Baustoffe gelegt.

2.2.1 Grundlagen der EnEV

Die sogenannte Energieeinsparerordnung (EnEV) bildet die gesetzliche Basis bei der Bewertung von Gebäuden hinsichtlich ihres Wärmeenergiebedarfes. In diesem gesetzlichen Rahmen sind auch die energetischen Mindestanforderungen, die bei der Neuerrichtung von Gebäuden sowie der Modernisierung von Bestandsgebäuden beachtet werden müssen geregelt. Die Verordnung wurde im Jahre 2002 eingeführt und löst dabei sowohl die Heizungsanlagenverordnung als auch die Wärmeschutzverordnung ab (Cypra, 2010, S. 13). Ziel dieser gesetzlichen Novellierung war es eine ganzheitliche Betrachtung von Gebäuden hinsichtlich des Energiebedarfs zu ermöglichen (Willems, 2017, S. 136f).

Im Kontext der ganzheitlichen Betrachtung werden sowohl der Energieträger als solche als auch die entstehenden Verluste bei der Gewinnung, dem Transport und der Umwandlung, beispielsweise in Wärmeenergie, berücksichtigt und als Primärenergiefaktor in der Energiebilanz des jeweiligen Gebäudes abgebildet (Lohmeyer, Bergmann, & Post, 2005, S. 213). Bei der Errichtung von Neubauten soll durch die EnEV eine Reduktion des Heizenergiebedarfes um rund 30 % im Vergleich zur Wärmeschutzverordnung erreicht werden (Hegener & Vogler, 2002, S. 31). Damit dieses Ziel erreicht werden kann werden Grenzwerte für die Transmissionswärmeverluste sowie für den Primärenergiebedarf festgelegt (Ackermann, 2003, S. 32).

Nach der Einführung dieser Verordnung erfolgte eine abermalige Novellierung im Jahre 2007. Hierbei wurde die Nutzung von Energieausweisen bei Bestandsgebäuden sowie für Nichtwohngebäude verpflichtend eingeführt (Fischer, et al., 2008, S. 332ff). Zusätzlich erfolgte eine Berücksichtigung des sommerlichen Wärmeschutzes, die energetische Berücksichtigung von Klimaanlagen und alternativen Systemen zur Versorgung der Gebäude mittels Heizenergie (Fischer, et al., 2008, S. 274ff). Bereits zwei Jahre später erfolgte abermals eine Novellierung dieser Verordnung, indem die Grenzwerte hinsichtlich des Primärenergiebedarf und der Transmissionswärmeverluste um rund 30 % reduziert wurden (Zilch, Diederichs, Katenbach, & Beckmann, 2013, S. 117). Zusätzlich erfolgt eine Anpassung der Berechnungsmethoden. Seit dem Jahr 2009 kann der Primärenergiebedarf auch über ein Referenzgebäude mit Einzelbauteilen Nachweis berechnet werden (Weglage, 2010, S. 27f). Hierbei wird jedem Bauteil des Gebäudes ein festgelegter Wärmedurchgangskoeffizient zugewiesen und unter Berücksichtigung von Gebäudefläche und Ausrichtung ermittelt, ob das Gebäude den Anforderungen der Verordnung entspricht.

Die letzte Novellierung erfolgte im Jahre 2013, wobei die meisten Neuerungen erst zum 1. Mai 2014 in Kraft getreten sind. Weitere kleine Änderungen wurden mit Wirkung zum 1. Januar 2016 eingeführt. Unter anderem wurde in diesen Novellierungen festgelegt, dass Heizkessel mit einem Alter von mehr als 30 Jahren (Bauer, Freeden, Jacobi, & Neu, 2018, S. 330) mit Ausnahme von ein und Zweifamilienhäusern, die am 1. Februar 2002 vom aktuellen Eigentümer bewohnt worden sind beziehungsweise sofern es sich nicht um eine Niedertemperatur- oder Brennwertkessel handelt ausgetauscht werden müssen. Bei den Grenzwerten erfolgte zum 1. Januar 2016 eine abermalige Reduktion um 25 % (Cerbe & Lendt, 2017, S. 417). Zudem erfolgt eine Anpassung des Energieausweises sowie die Verpflichtung diesen bei Vermietung oder Verkauf vorzulegen und ihn in den Pflichtangaben zu veröffentlichen. In diesem Zusammenhang erfolgt auch eine Einführung eines Bußgeldes, dass bei Verstößen gegen die Energieeinsparverordnung in Höhe von bis zu 50.000 EUR verhängt werden kann (Heidemann A. , Kistemann, Stolbrink, Kasperkowiak, & Heikrodt, 2014, S. 309).

2.2.2 Energieeinsparung und Energiebilanzierung nach EnEV

Grundlegendes Ziel der Energieeinsparverordnung ist es, den Energieverbrauch von Immobilien zu reduzieren. Hierzu sehen die Gesetzgeber unterschiedliche Verfahren vor, die angewandt werden können, um den Transmissionswärmeverlust zu berechnen und dabei entsprechend den Nachweis zu erbringen, dass die jeweilige Immobilie den gesetzlichen Vorgaben entspricht. Er kann zwischen dem sogenannten Monatsbilanzverfahren und dem sogenannten Heizperiodenverfahren unterschieden werden.

Beim sogenannten Heizperiodenverfahren handelt es sich um ein vereinfachtes Verfahren, das primär für den Neubau von kleineren Wohneinheiten genutzt wird. Hierbei werden standardisierte Randbedingungen wie eine Innentemperatur von 19 °C, eine Heizgrenztemperatur von 10 °C sowie andere standardisierte Faktoren berücksichtigt (Hegener & Vogler, 2002, S. 85). Dies bedeutet andererseits auch, dass die individuellen Gegebenheiten des jeweiligen Gebäudes nicht oder nur sehr eingeschränkt berücksichtigt werden. Jedoch sind die Normwerte unter Berücksichtigung der in Deutschland vorherrschenden klimatischen Bedingungen abgeleitet worden, sodass sich dennoch eine hinreichende Genauigkeit der Berechnungen ergibt (Usemann, 2005, S. 412).

Das Monatsbilanzverfahren kann dazu genutzt werden unterschiedliche energetische Effekte des jeweiligen Gebäudes abzubilden. Dies geschieht dadurch, dass für jeden einzelnen Kalendermonat die unterschiedlichen Randbedingungen gemäß den entsprechenden Normen berechnet wird (Usemann, 2005, S. 384ff). Unter anderem werden dabei Faktoren wie Außentemperatur und die Anzahl der Sonnenstunden mit in die Berechnung einbezogen. Zusätzlich können Faktoren wie Wärmedämmung und Wärmespeicherfähigkeit von Mauerwerk berücksichtigt werden. Nachdem die einzelnen Monate berechnet worden sind, wird hieraus eine Summe für das gesamte Jahr gebildet, sodass sich der gesamte Energieverbrauch für das jeweilige Gebäude innerhalb eines Kalenderjahres ergibt (Usemann, 2005, S. 384ff). Durch die Berücksichtigung einer Vielzahl von einzelnen Parametern weist dieses Verfahren eine hohe Genauigkeit auf, ist jedoch nur mit Zuhilfenahme geeigneter Software sinnvoll zu berechnen.

Durch die Vorgaben hinsichtlich der Grenzwerte und der stetigen Reduktion dieser Grenzwerte soll der Energieverbrauch von Immobilien kontinuierlich reduziert werden. Primär bezieht sich dies zunächst auf die Errichtung von neuen, energieeffizienten Gebäuden. Aber auch Bestandsgebäude sind in einem gewissen Maße bei der Durchführung von Modernisierungsmaßnahmen von den gesetzlichen Vorschriften der Energieeinsparverordnung betroffen. Entsprechend müssen diese Vorgaben nicht nur bei der Errichtung von neuen Gebäuden, sondern durch die zuständigen Entwurfsverfasser beziehungsweise Fachplaner bei der Modernisierung von Bestandsgebäuden berücksichtigt werden (Venzmer & Dimanski, 2011, S. 3ff).

2.3   DER KLIMAWANDEL

Wie der Begriff Klimawandel bereits aussagt, handelt es sich hierbei um signifikante Veränderungen des Klimas auf der Welt. Grundsätzlich muss darauf verwiesen werden, dass es im Laufe der Geschichte stets Wechsel zwischen Kaltzeiten und Warmzeiten gegeben hat. Diese waren ihrerseits stets natürlichen Ursprung begründet. Heutzutage wird jedoch der Klimawandel als solches auf menschlich verursachte Faktoren zurückgeführt (Essl & Rabitsch, 2013, S. 14ff).

Im Zusammenhang mit dem Klimawandel wird oftmals auch der sogenannte Treibhauseffekt erwähnt. Das Licht der Sonne wird hierbei von der Erdoberfläche reflektiert und zurückgestrahlt. Durch die vorhandene Schicht an Kohlendioxid und anderen mehratomigen Gasen (CH_4 u.a.) in der Erdatmosphäre wird verhindert, dass die zurückgelenkte Strahlung vollständig ins All zurück gelangt und wird abermals auf die Erde reflektiert. Ohne diesen Effekt würde sich eine Durchschnittstemperatur auf der Erde von -18 °C einstellen (Gesang, 2011).

Somit wirkt sich eine gewisse Menge CO_2 sowie andere sogenannte Treibhausgase positiv auf das Klima der Erde aus. Eine zu große Menge an derartigen Treibhausgasen, die insbesondere seit Beginn der Industrialisierung durch den Menschen produziert worden sind führt zu einem sogenannten anthropogenen Treibhauseffekt und greift somit in das natürliche System ein (Küll, 2009, S. 24).

Zur Thematik des Klimawandels zum Anstieg der Meere Spiegel existieren unterschiedliche Studien. Als problematisch kann in diesem Zusammenhang angesehen werden, dass keine einheitlichen Vorhersagen existieren. Beispielsweise weist das Intergovernmental Panel on Climate Change in seinem Sachstandsbericht aus 2014 daraufhin, dass der Meere Spiegel im Zeitraum von 1901-2010 um 19 cm (+/- 2cm) angestiegen ist (Heimann, 2017, S. 73).

Insbesondere durch den Anstieg der Meere Spiegel werden tiefliegende Küstenregionen sowie Inselstaaten bedroht. Aber auch auf andere Regionen wird sich dieser Klimawandel durch stetig zunehmende extremere Wetterphänomene wie Überschwemmungen, anhaltende Dürreperioden oder Wirbelstürme aus. Insbesondere wird es hierbei zu regionalen Unterschieden, die sich bereits innerhalb eines Landes abzeichnen können, kommen (Olzog, 2017, S. 58ff).

2.4   KLIMASCHUTZZIELE DER BUNDESREPUBLIK

Durch den stetig fortschreitenden Klimawandel bedingt hat sich die Bundesrepublik Deutschland unterschiedliche Klimaschutzziele gesetzt. Diese wurden unter anderem in Vereinbarungen der Vereinten Nationen wie beispielsweise dem Kyoto-Protokoll international vereinbart. Mitunter sind diese Ziele auch auf europäischer Ebene zwischen den einzelnen Mitgliedstaaten vereinbart worden. Unter anderem sollen die Mitgliedstaaten der Europäischen Union bis zum Jahre 2020 wie Treibhausgasemissionen im Vergleich zu 1990 um 20 % reduzieren (Steiauf, 2017, S. 43).

Hierbei handelt es sich sowohl um eine unmittelbare als auch um eine mittelbare Reduktion, denn teilweise werden diese Emissionen durch den Emissionshandel innerhalb der Europäischen Union kompensiert. Der Handel mit Emissionszertifikaten schließt auch die angrenzenden Länder wie Norwegen, Island und Liechtenstein mit ein (Bemmann, 2013, S. 22ff). Für andere Bereiche, in denen keine Zertifikate gehandelt werden, steht es den einzelnen Mitgliedsstaaten frei, welche Maßnahmen im konkreten angewandt werden. Lediglich die Obergrenzen, die zwischen 2013 und 2020 von 473 Mio. t CO_2-Äquivalente auf 411 Mio. t CO_2-Äquivalente reduziert werden müssen durch die Bundesrepublik Deutschland verbindlich eingehalten werden (Umweltbundesamt, 2018).

Im Jahre 2016 wurde von der Bundesregierung der Klimaschutzplan 2050 verabschiedet. Gemäß diesem Plan strebt die Bundesregierung an die Treibhausgasemissionen bis zum Jahre 2020 sogar um mindestens 40 % zu reduzieren (Gromer, 2012, S. 89). Weitere Ziele sind die Reduktion um 55 % bis 2030, die Reduktion um 70 % bis 2040 und ein treibhausgasneutraler Status im Jahre 2050 (Umweltbundesamt, 2018). Diese Ziele müssen jedoch kritisch betrachtet werden, denn zum aktuellen Zeitpunkt ist noch nicht absehbar, ob überhaupt das Ziel von 20 % im Jahre 2020 erreicht werden kann.

GEBÄUDEDÄMMUNG IM BESTAND

3.1 ANFORDERUNGEN DER ENEV AN BESTANDSGEBÄUDE

Im Zusammenhang mit Bestandsgebäuden müssen unterschiedliche Situationen betrachtet werden. Grundsätzlich haben Bestandsgebäude auch hinsichtlich ihrer energetischen Eigenschaften Bestandsschutz. Dies bedeutet, dass sofern keine größeren Maßnahmen am Gebäude vorgenommen werden, zunächst auch keine Nachrüstungsverpflichtungen existieren (Kaiser, Nusser, & Schrammel, 2018, S. 473).

Erst, wenn größere Maßnahmen wie beispielsweise der Austausch der gesamten Fenster im Gebäude oder die Neueindeckung des Daches erfolgt, müssen gewisse Anforderungen der Energieeinsparverordnung auch bei Bestandsgebäuden berücksichtigt werden. Auf der anderen Seite muss überprüft werden, inwieweit sich Maßnahmen tatsächlich sinnvoll bei Bestandsgebäuden umsetzen lassen. Denn durch konstruktiv bedingte Vorgaben in der vorhandenen Bausubstanz, denkmalpflegerische Anforderungen und bauphysikalische Aspekte sind nicht immer alle Maßnahmen tatsächlich umsetzbar (Hopfensperger & Onischke, Renovieren und Modernisieren: Pflichten und Chancen nach der neuen Energieeinsparverordnung, 2014, S. 177).

Daher ist bei einer nachträglichen Dämmung von Bestandsgebäuden stets zu überprüfen, inwieweit sich die konkreten Maßnahmen tatsächlich umsetzen lassen. Entsprechend ist bei der Planung von Maßnahmen stets der Aspekt der Wirtschaftlichkeit zu berücksichtigen. Diesbezüglich sieht die Energieeinsparverordnung in § 25 auch vor, dass bei einem unangemessenen beziehungsweise unwirtschaftlichen Aufwand die zuständige Landesbehörde auf Antrag die Besitzer der jeweiligen Immobilie von der Umsetzung verpflichtender Maßnahmen befreien kann (Bundesministerium der Justiz und für Verbraucherschutz, 2015, S. 17).

Auswirkungen auf Bestandsgebäude ergeben sich durch die Energieeinsparverordnung somit maßgeblich, wenn Änderungen, Erweiterungen oder der Ausbau bei Gebäuden stattfindet (§ 9 EnEV). Sofern ein Eigentümer maßgebliche Änderungen an beheizten beziehungsweise gekühlten Räumen in Bestandsgebäuden vornimmt, dürfen die Wärmedurchgangskoeffizienten des jeweiligen Bauteils die in Anlage drei der Energieeinsparverordnung festgelegten Grenzwerte nicht überschreiten. Im Vergleich zu Neubauten darf der Jahresprimärenergiebedarf sowie der spezifische Transmissionswärmeverlust nicht um mehr als 40 % höher ausfallen. Alternativ zur Berechnung des Wärmedurchgangskoeffizienten des Bauteils kann auch ein Nachweis über den Jahresprimärenergiebedarf eines Referenzgebäudes erfolgen, wenn dieser ebenfalls nicht mehr als 40 % höher ausfällt als bei vergleichbaren Neubauten (Stahr, Bausanierung: Erkennen und Beheben von Bauschäden, 2015, S. 87).

Die Berechnung des Wärmedurchgangskoeffizienten, auch als U-Wert bezeichnet erfolgt unter Berücksichtigung der Annahme des Vorliegens eines ruhenden geschlossenen Systems. Diese Annahmen erweisen sich jedoch als problematisch, da Bauwerke weder einen ruhenden noch den Charakter eines geschlossenen Systems aufweisen. Vielmehr findet dort ein Wärmetransport zwischen

Innenräumen und dem Außenbereich durch Wärmeleitung, Konvektion oder Strahlung statt (Baehr & Kabelac, 2016, S. 65).

Im Zusammenhang mit der Berechnung des Wärmedurchgangskoeffizienten ist zu berücksichtigen, dass die berechneten beziehungsweise unter Laborbedingungen ermittelten Wärmedurchgangskoeffizienten nicht vollständig auf die Praxis übertragen werden können (Möller, Pöter, & Schwarze, 2011, S. 569). Denn unter anderen durch den Einfluss von Feuchtigkeit, Wärmekonvektion und die Phasenänderung im Wandquerschnitt sowie Einflüsse durch Wärmestrahlungen kann der Wärmedurchgangskoeffizienten beeinflusst werden (Cammerer, 1995, S. 72f). Zudem basiert dieser rechnerische Wert auf der Annahme, dass das gesamte Mauerwerk vollständig trocken ist, was in der Praxis jedoch nicht der Realität entspricht (Metzger, 2014, S. 20). Da der U-Wert, zuvor auch als k-Wert bezeichnet ursprünglich auf zur Auslegung von Heizungsanlagen gedacht war bezieht sich dieser Wert im Weiteren nur auf den Wärmeverlust bedingt durch Temperaturdifferenzen und berücksichtigt beispielsweise nicht die Sonneneinstrahlung, die von außen auf das Gebäude einwirkt (Ragonesi, et al., 2016, S. 39).

Durch die unterschiedliche Wärmeleitfähigkeit von verschiedenen Stoffen kann demnach bei der Zusammensetzung eines Bauteils aus unterschiedlichen Baustoffen ein rechnerisch vorgegebener Wärmedurchgangskoeffizienten erreicht werden (Fischer, et al., 1997, S. 281).

Um die gesetzlichen Vorgaben der Energieeinsparverordnung auch bei Bestandsgebäuden zu erfüllen, möchte lediglich beispielsweise eine ausreichend dicke Wärmedämmung außen an der Gebäudewand angebracht werden (Arndt, 2014, S. 214). Jedoch lässt er Wärmedurchgangskoeffizienten bei alleiniger Betrachtung keinen Rückschluss darauf zu, ob die Durchführung der

Wärmedämmung tatsächlich sinnvoll beziehungsweise wirtschaftlich für den Gebäudeeigentümer ist (Lohmeyer, Bergmann, & Post, 2005, S. 141ff).

Diesbezüglich muss bei alleiniger Betrachtung der Energieeinsparverordnung kritisiert werden, dass der Fokus lediglich auf die Berechnung des Wärmedurchgangskoeffizienten gelegt wird. Externe Faktoren wie Sonneneinwirkungen und beispielsweise erhöhte Windeinwirkungen durch exponierte Lagen bleiben hier unberücksichtigt, obwohl dieser einen signifikanten Einfluss auf den tatsächlichen Wärme Energieverbrauch eines Gebäudes haben können. Somit müsste hierfür eine Betrachtung mit standortbezogenen Daten erfolgen und gegebenenfalls eine Unterteilung in mehrere Bereiche innerhalb des Gebäudes vorgenommen werden (Ackermann, 2003, S. 56).

Demnach müssten derartige Faktoren genauer berücksichtigt werden. Dies würde mitunter auch zu der Notwendigkeit führen, dass die unterschiedlichen Seiten des Gebäudes getrennt voneinander betrachtet werden müssen beispielsweise würden sich Unterschiede zwischen der Sonnenseite und der von der Mittagssonne abgewandten Gebäudeseite ergeben (Ackermann, 2003, S. 56ff).

Die Energieeinsparverordnung besagt, dass sofern der jeweilige Eigentümer nur kleinere Modernisierungsmaßnahmen vornimmt, kann dieser mitunter vom Schutzbereich der sogenannten „Parkhotelklausel" profitieren. Sofern bei einer energetischen Modernisierung einer Modernisierung maximal 10 % der Gesamtfläche des jeweiligen Bauteils der thermischen Gebäudehülle betroffen sind, müssen gemäß § 9 III EnEV die Anforderungen der Energieeinsparverordnung nicht umgesetzt werden. Jedoch dürfen durch diese Maßnahmen keine Verschlechterungen hinsichtlich der energetischen Qualität des Gebäudes eintreten. Zudem muss der hygienische Mindestwärmeschutz nach DIN 4108-2 weiterhin eingehalten werden (Stahr, Bausanierung: Erkennen und Beheben von Bauschäden, 2015, S. 88).

Für Bestandsgebäude, die den Anforderungen des Mindestwärmeschutz nach DIN 4108-2 nicht entsprechen, müssen unter anderen die Geschossdecken zwischen einem beheizten Obergeschoss und einem unbeheizten Dachgeschoss bereits bis zum ein 31.12.2015 gedämmt worden seien. Bei einer nachträglichen Dämmung muss ein Wärmedurchgangskoeffizient von maximal 0,24 W/m²K in Bezug auf den gesamten Aufbau eingehalten werden. Alternativ kann hierbei auch eine Dämmung der Dachschrägen vorgenommen werden (Stahr, Bausanierung: Erkennen und Beheben von Bauschäden, 2015, S. 88).

Ausgenommen sind hierbei Ein- und Zweifamilienhäuser, wenn der Eigentümer einer der Wohneinheiten seit dem 1. Februar 2002 selbst bewohnt. Eine Pflicht zu einer nachträglichen Dämmung würde sich dann erst bei einem Eigentümerwechsel ergeben. Für diesen Fall ist eine Übergangsfrist von zwei Jahren vorgesehen (Hertel G. , 2008, S. 57). Auch werden von dieser Verpflichtung Gebäude ausgenommen, bei denen das Dach bereits gedämmt worden ist, beziehungsweise die Anforderungen des Mindestwärmeschutzes gemäß DIN 4108-2: 2013-02 erfüllen. Sowohl bei massiven Deckenkonstruktionen, die nach 1969 errichtet worden sind als auch bei Holzbalkendecken unabhängig vom Baujahr kann davon ausgegangen werden, dass die Mindestvoraussetzungen der DIN 4108-2 erfüllt werden (Hopfensperger & Onischke, 2014, S. 23).

Eine weitere Ausnahme ergibt sich hierbei durch das Gebot der Wirtschaftlichkeit, denn nach § 10 V der Energieeinsparverordnung müssen die Investitionen für die nachträgliche Wärmedämmung durch die Energieeinsparung innerhalb einer angemessenen Frist kompensiert werden müssen. Diesbezüglich existieren jedoch keine verbindlichen Vorgaben. Zwar verweisen verschiedene Gerichtsurteile auf einen Zeitraum von 10 Jahren, jedoch handelt es sich hierbei stets um Entscheidungen in Bezug auf das individuelle Vorhaben, sodass dies nicht als allgemeinverbindlich angesehen werden kann (Schild & Brück, 2010, S. 25).

Hinsichtlich der Dämmung des Dachraums existieren unterschiedliche Möglichkeiten. Einerseits ist eine Dämmung der Dachflächen und andererseits der obersten Geschossdecke möglich. Sofern der Dachraum zu Wohnzwecken genutzt wird, muss eine Dämmung der Dachflächen vorgenommen werden. Sofern diese Fläche lediglich als Lagerfläche genutzt wird, sollte die Dämmung der obersten Geschossdecke bevorzugt werden (Hake, 1980, S. 45f). Denn einerseits weisen die Dachschrägen eine um 50 – 100 % größere Fläche auf, sodass mehr Dämmmaterial benötigt wird und andererseits findet weiterhin eine Wärmeübertragung vom darunterliegenden Geschoss in den Dachraum ab, sodass im Vergleich zur Dämmung der obersten Geschossdecke auch höhere Heizkosten durch die unnötige indirekte Beheizung des Dachraums entstehen. Darüber hinaus fallen bei der Dämmung der Dachflächen im Vergleich zur Dämmung des Dachbodens bis zu 12 Mal höhere Kosten an, sodass sich eine signifikant höhere Amortisationsdauer ergibt.

Bezüglich der Nutzung von Heizungsanlagen sowie raumlufttechnische Anlagen, Warmwasserversorgungssysteme und Kühlanlagen werden in der EnEV (§13ff) weitere Details geregelt. Gemäß der aktuellen Version der Energieeinsparverordnung dürfen Heizkessel, die mit gasförmigen oder flüssigen Brennstoffen betrieben werden und eine Nennleistung zwischen vier und 400 kWh aufweisen nur dann in Betrieb genommen werden, wenn diese über eine gültige CE Kennzeichnung im Sinne des Bauproduktengesetzes verfügen. Zusätzlich müssen diese Anlagen dem allgemein anerkannten Stand der Technik entsprechen und demnach auch mit einer ausreichenden Wärmedämmung versehen sein (Lohmeyer, Bergmann, & Post, 2005, S. 208).

Im Zusammenhang mit dem Betrieb von Heizungsanlagen muss berücksichtigt werden, dass auch die Rohrleitungen in nicht geheizten Räumlichkeiten entsprechend gedämmt sind (Giebeler, et al., 2008, S. o. S.). Die betriebenen Heizungsanlagen sollten dabei über unterschiedliche Steuerungsmöglichkeiten wie beispielsweise eine Nachtabsenkung oder eine Steuerung über einen Außentemperatursensor verfügen (Uske, 2014, S. o. S.).

Zusätzlich müssen die in den einzelnen Räumlichkeiten angebrachten Heizkörper über eigenständige Thermostatventile und demnach eine raumbezogene Regelmöglichkeit verfügen. Die dafür notwendigen Zirkulationspumpen sollten über mehrere Stufen der elektronischen Leistungsregelung verfügen, um eine möglichst optimale Verteilung des Wärmemediums zu gewährleisten. Zur optimalen Wärmeverteilung muss auch ein sogenannter hydraulischer Abgleich vorgenommen werden (Willems, 2017, S. 142).

Wird im Gebäude eine Klimaanlage oder raumlufttechnische Anlage betrieben, müssen ebenfalls - wie bereits erwähnt - Aspekte der Energieeinsparverordnung berücksichtigt werden. Sofern die Klimaanlage eine Nennleistung von mindestens 12 kW aufweist beziehungsweise die raumlufttechnische Anlage über ein Zuluftvolumenstrom von mehr als 4000 m³/h verfügt müssen technische Methoden zur Wärmerückgewinnung und Technik zur Selbstregulierung integriert werden (Heidemann A. , Kistemann, Stolbrink, Kasperkowiak, & Heikrodt, 2014, S. 18). Der Betreiber hat dabei die Pflicht derartige Anlagen stets betriebsbereit zu halten, regelmäßig warten zu lassen gemäß den Herstellervorschriften zu bedienen (Antiphon Verlag, 2018, S. 18).

3.2   FÖRDERMAßNAHMEN

Die energieeffiziente Sanierung von Wohngebäuden wird durch unterschiedliche Maßnahmen und Konzepte durch die Kreditanstalt für Wiederaufbau (KfW) als weltweit größte nationale Förderbank sowie durch das Bundesamt für Wirtschaft und Ausfuhrkontrolle (BAFA) sowohl in Form von vergünstigten Krediten als auch in Form von Zuschüssen gefördert (Noosten, 2015, S. 77).

Die Förderungen und Zuschüsse beziehen sich dabei entweder auf sogenannten Einzelmaßnahmen aber auch auf sogenannte Maßnahmenpakete mit dem Ziel Gebäude auf unterschiedliche Art und Weise zu modernisieren (Kofner, 2016, S. 304). In Bezug auf die Bezuschussung von Einzelmaßnahmen muss jedoch berücksichtigt werden, dass aktuell noch eine Untergrenze bei der Auszahlung in Höhe von 300,00 € existiert, sodass kostengünstige Maßnahmen unterhalb von 3.000,00 € wie beispielsweise die nachträgliche Kerndämmung der Fassade eines Einfamilienhauses mitunter nicht durch die Kreditanstalt für Wideraufbau gefördert werden (Kreditanstalt für Wiederaufbau, 2018, S. 2). Folglich können diese Vorgaben dazu führen, dass deutlich weniger Gebäudeeigentümer von einer finanziellen Förderung profitieren können, was dem Ziel der Energieeinsparung der Bundesregierung widerspricht.

Im Rahmen dieser wissenschaftlichen Arbeit sind jedoch nur Fördermaßnahmen mit dem Fokus auf die energetische Modernisierung des jeweiligen Gebäudes von Bedeutung, so dass auf anderweitige Fördermaßnahmen nicht eingegangen wird. Damit die Fördermaßnahme genehmigt wird ist mit Ausnahme von Baubegleitung und Beratung durch einen anerkannten Sachverständigen die Antragstellung der Fördermaßnahmen bereits vor Durchführung der jeweiligen Maßnahme vorzunehmen (Volland, 2014, S. 90). Auf ausgewählte standardisierte Maßnahmen wird nachfolgend detaillierter eingegangen um die Möglichkeiten, Vor- und Nachteile sowie Beschränkungen dieser Maßnahmen darzustellen.

KfW Heizungs- und Lüftungspakete

Die Maßnahmenpakete für Heizungsanlagen und Lüftungsanlagen im Rahmen des sogenannten Anreizprogramms Energieeffizienz werden oftmals auch mit den nachfolgenden Fördermaßnahmen kombiniert. Beim Heizungspaket muss einerseits eine Erneuerung der Heizungsanlage und andererseits eine Optimierung der Wärmeverteilung in der entsprechenden Wohneinheit vorgenommen werden. Voraussetzung hierbei ist es, dass eine gasbetriebene beziehungsweise ölbetriebene Heizung, die nicht dem Brennwertstandard entspricht, außer Betrieb genommen wird, bevor dieser unter die gesetzliche Austauschpflicht fällt. Zusätzlich muss die neue Heizung in technischen Mindestanforderungen der Kreditanstalt für Wiederaufbau entsprechen. Eine Förderleistung wird auch nur dann gewährt, wenn keine zeitgleiche oder zeitlich versetzte Förderung von solarthermischen Modernisierungsmaßnahmen durch das Bundesamt für Wirtschaft und Ausfuhrkontrolle erfolgt (Kreditanstalt für Wiederaufbau, 2018, S. 3).

Durch das Lüftungspaket erfolgt eine Förderung bei der Erneuerung oder dem erstmaligen Einbau einer Lüftungsanlage. Die Förderung erfolgt unter der Voraussetzung, dass die Anlage über eine Wärmerückgewinnung verfügt und zeitgleich eine anderweitige Maßnahme zur Reduktion des Energieverbrauchs an der Gebäudehülle wie beispielsweise die Gebäudedämmung vorgenommen wird. Auch bei diesem Förderprogramm müssen entsprechend vorgegebene technischen Mindestanforderungen durch die installierte Anlage erfüllt werden (Kreditanstalt für Wiederaufbau, 2018, S. 3).

KfW Investitionszuschuss: Energieeffizientes Sanieren (430)

Im Rahmen des Förderprogramms 430 "Energieeffizientes Sanieren" der Kreditanstalt für Wiederaufbau werden Eigentümer, die ihre Immobilie energetisch sanieren möchten, beziehungsweise einen bereits energetisch sanierten Wohnraum kaufen möchten, mit bis zu 30.000 EUR je Wohneinheit bezuschusst. Voraussetzung ist, dass die jeweilige Immobilie bis zum 31. Januar 2002 ihren Bauantrag genehmigt bekommen hat. Zusätzlich muss ein Experte für Energieeffizienz mit in den Prozess der Sanierung beziehungsweise des Kaufes einbezogen werden (Kreditanstalt für Wiederaufbau, 2018, S. 1).

Diese Fördermaßnahmen beziehen sich dabei auf Einzelmaßnahmen, Heizungs- und Lüftungsanlagen unter sogenannte KfW Effizienzhaus. Bei der Durchführung dieser Maßnahmen ist eine Kombination des Investitionszuschusses mit anderen Fördermaßnahmen der Kreditanstalt für Wiederaufbau möglich. Bei Einzelmaßnahmen wird die Gesamtförderung über alle Maßnahmen hinweg auf 50.000 EUR und beim KfW Effizienzhaus auf 100.000 EUR pro Wohneinheit begrenzt. Bei der Berechnung der Gesamtsumme werden die Fördermaßnahmen 151,152 und 430 mit in die Berechnung einbezogen, wenn diese nach dem 1. April 2009 beantragt worden sind. Mindestens muss jedoch der Zuschussbetrag 300 EUR pro Antrag betragen (Kreditanstalt für Wiederaufbau, 2018, S. 2).

	Prozentualer Anteil der förderfähigen Kosten	Maximale Förderung pro Wohneinheit
Einzelmaßnahmen	10 %	5.000 EUR[1]
Maßnahmen an Heizungs- und Lüftungsanlagen	15 %	7.500 EUR
KfW-Effizienzhaus 115	15 %	15.000 EUR
KfW-Effizienzhaus Denkmal	15 %	15.000 EUR
KfW-Effizienzhaus 100	17,5 %	17.500 EUR
KfW-Effizienzhaus 85	20 %	20.000 EUR

---

[1] Eine Auszahlung erfolgt erst ab einem Zuschussbetrag in Höhe von 300,00 €, sodass sich ein Investitionsbetrag von mindestens 3.000,00 € ergibt, um von der Förderung der KfW zu profitieren.

| KfW-Effizienzhaus 70 | 25 % | 25.000 EUR |
| KfW-Effizienzhaus 55 | 30 % | 30.000 EUR |

Tabelle 1: Förderung mittels KfW 430 Programm (Kreditanstalt für Wiederaufbau, 2018, S. 2)

Gemäß den Förderrichtlinien der Kreditanstalt für Wiederaufbau werden Gebäude, die überwiegend zum Wohnen dienen und deren Bauantrag beziehungsweise deren Bauanzeige bis spätestens um ein 30. Januar 2002 gestellt worden ist gefördert. Wochenendhäuser, Ferienhäuser und Wohneinheiten in sogenannten Boardinghäusern sind hingegen von der Förderung ausgeschlossen. Wird im Rahmen der Modernisierungsmaßnahme eine Umnutzung vorgenommen, ist die Anzahl der Wohneinheiten nach durchgeführter Sanierung hinsichtlich der Antragstellung von Bedeutung. Sofern hierbei eine Erweiterung des Wohnraums beispielsweise durch den Ausbau eines ungenutzten Dachbodens erfolgen soll, sind diese Maßnahmen lediglich im Maßnahmenpaket 153 förderfähig (Kreditanstalt für Wiederaufbau, 2018, S. 3).

Bei der Durchführung der Modernisierungsmaßnahmen müssen die entsprechenden Vorgaben der Kreditanstalt für Wiederaufbau hinsichtlich der technischen Mindestanforderungen eingehalten werden. Hierbei geht es auch die Empfehlungen des beauftragten Sachverständigen zu berücksichtigen. Zusätzlich dürfen die Maßnahmen nur durch Fachunternehmen und nicht durch die Eigentümer selbstständig durchgeführt werden (Kreditanstalt für Wiederaufbau, 2018, S. 3).

Nach Antragstellung muss der Energieeffizienzexperte zunächst die Maßnahmen hinsichtlich der Einhaltung der Mindeststandards überprüfen. Eine weitere Überprüfung findet nach Fertigstellung der Maßnahmen statt, wobei der Energieeffizienzexperte eine Bestätigung über die ordnungsgemäße Durchführung aufstellen muss. Diese Bestätigung muss wiederum seitens des Eigentümers an die Kreditanstalt für Wiederaufbau übermittelt werden. In Abhängigkeit von der Höhe des Betrages muss zusätzlich eine Identifikation gemäß Geldwäschegesetz erfolgen, wenn die Abwicklung maßgeblich durch einen Bevollmächtigten wie beispielsweise dem Hausverwalter erfolgt. Nach zusätzlicher Überprüfung seitens der Kreditanstalt für Wiederaufbau erfolgt die finale Auszahlung des Investitionszuschusses (Kreditanstalt für Wiederaufbau, 2018, S. 7).

Zu den förderfähigen Maßnahmen im Rahmen dieses Förderprogramms zählen die Wärmedämmung von Decken, Wänden und Dachflächen, sowie die Erneuerung von Fenstern und Außentüren, die Erneuerung von Heizungs- und Lüftungsanlagen sowie die Optimierung von bestehenden Heizungsanlagen (Kreditanstalt für Wiederaufbau, 2018, S. 3). Handelt es sich bei dem Sanierungsobjekt um ein Baudenkmal sind abweichende Vorschriften zu berücksichtigen, da bei derartigen Objekten üblicherweise nicht jegliche Art von Modernisierungsmaßnahmen seitens der Denkmalbehörden genehmigt werden können (Kreditanstalt für Wiederaufbau, 2018, S. 5).

Der Zuschuss muss dabei nicht zwangsläufig nur für eine einzelne Person gewährt werden. Auch ist eine Auszahlung von Zuschüssen an Wohnungseigentümergemeinschaften möglich. Hierbei muss ein Bevollmächtigter beispielsweise der Hausverwalter den Antrag unter Berücksichtigung des von der Wohnungseigentümergemeinschaft geschlossenen Beschlusses stellen. Dieser Beschluss und eine Vollmacht der Eigentümergemeinschaft muss an die Kreditanstalt für Wiederaufbau übermittelt werden. Sofern die jeweilige Wohnung nicht durch den Eigentümer selbst, sondern durch einen Mieter bewohnt wird, muss zusätzlich bestätigt werden, dass die sogenannten De-minimis-Höchstgrenzen durch den jeweiligen Eigentümer nicht überschritten werden (Kreditanstalt für Wiederaufbau, 2018, S. 6).

KfW Kredit: Energieeffizientes Sanieren (Förderprogramme 151 und 152)

Bei diesen Förderprogrammen handelt es sich nicht wie beim zuvor dargestellten Programm um einen Zuschuss, sondern um einen Kredit. In Abhängigkeit von der Laufzeit werden unterschiedliche Zinssätze angeboten, wobei zum aktuellen Zeitpunkt (24. Dezember 2018) für alle Laufzeiten von 4 bis 30 Jahren ein Effektivzinssatz von 0,75 % angeboten wird (Kreditanstalt für Wiederaufbau, o. J.).

Durch dieses Produkt der Kreditanstalt für Wiederaufbau sollen Investitionsmaßnahmen an Wohngebäuden und Eigentumswohnungen, die durch den Eigentümer selbst oder durch andere Personen genutzt werden, gefördert werden. Zusätzlich erfolgt eine Förderung von kürzlich sanierten Wohngebäuden und Eigentumswohnungen. Durch die zinsgünstigen Kredite sollen entsprechend der Investitionen Wohngebäude, mit einem niedrigen Energieverbrauch gefördert werden. Hierdurch soll das Ziel der Bundesregierung, bis zum Jahre 2050 einen nahezu klimaneutralen Gebäudebestand zu erreichen, unterstützt werden (Kreditanstalt für Wiederaufbau, 2018, S. 1).

Förderfähig sind dabei Wohngebäude, für die der Bauantrag beziehungsweise die Bauanzeige bis spätestens dem 31 Januar 2002 gestellt worden sind. Auch hierbei existieren abweichende Vorschriften insbesondere für denkmalgeschützte Gebäude und bezüglich der Anzahl der Wohneinheiten nach der durchgeführten Sanierung. Gefördert werden einerseits die energetischen Maßnahmen als solches als auch die Beratung, Planung und Baubegleitung durch einen zertifizierten Energieeffizienzexperten sowie alle im Zusammenhang stehenden Maßnahmen wie beispielsweise die Erneuerung von Fensterbänken oder die Prüfung der Luftdichtheit des Gebäudes. Somit sind bei diesen Förderprogrammen auch die Dämmung von Wänden, Decken und Dachflächen, die Erneuerung von Fenstern und Außentüren, die Optimierung von bestehenden Heizungsanlagen beziehungsweise der Einbau von neuen Heizung und Lüftungsanlagen förderfähig (Kreditanstalt für Wiederaufbau, 2018, S. 1f). Selbiges gilt für die zuvor dargestellten Maßnahmenpakete für Heizungen und Lüftungsanlagen (Kreditanstalt für

Wiederaufbau, 2018, S. 3). Die Antragstellung erfolgt dabei analog zu dem zuvor dargestellten Investitionszuschuss, sodass hierauf nicht mehr detailliert eingegangen wird (Kreditanstalt für Wiederaufbau, 2018, S. 4).

Maßnahme	Tilgungszuschuss in Prozent des Kreditbetrags
KfW-Effizienzhaus 55 [2]	27,5
KfW-Effizienzhaus 70 [2]	22,5
KfW-Effizienzhaus 85 [2]	17,5
KfW-Effizienzhaus 100 [2]	15,0
KfW-Effizienzhaus 115 [2]	12,5
KfW-Effizienzhaus Denkmal	12,5
Heizungs- und Lüftungspaket	12,5
Einzelmaßnahmen	7,5

Tabelle 2: Tilgungszuschuss beim KfW Kredit 151/152 (Kreditanstalt für Wiederaufbau, 2018, S. 8f)

Durch den gewährten Kredit können bis zu 100 % der Förderverein Kosten sowie den Nebenkosten finanziert werden. Pro Wohneinheit, in der Einzelmaßnahmen durchgeführt worden sind, wurde ein Höchstbetrag von 50.000 € festgelegt. Wird hingegen eine Sanierung gemäß KfW Effizienzhaus Standard durchgeführt, erhöht sich der Höchstbetrag auf 100.000 € je Wohneinheit. Der Zinssatz wird dabei für die ersten zehn Jahre bei Abschluss des Kreditvertrages festgelegt. Auch, wenn die Kreditanstalt für Wiederaufbaukreditlaufzeiten bis zu 30 Jahren anbietet bezieht sich die Förderung durch die verbilligten Darlehen lediglich auf die Periode von zehn Jahren. Darüber hinausgehende Zeiträume werden entsprechend unter Berücksichtigung der marktüblichen Verzinsung individuell zwischen der

---

[2] Inklusive Passivhaus

Kreditanstalt für Wiederaufbau und den Kreditnehmer verzinst. Nachdem die Modernisierung vollständig abgeschlossen ist, erhalten die Kreditnehmer zusätzlich einen Tilgungszuschuss, so das ein gewisser Anteil analog der nachfolgend dargestellten Tabelle mittels staatlicher Mittel abgegolten wird (Kreditanstalt für Wiederaufbau, 2018, S. 8).

BAFA: Energieberatung für Wohngebäude

Auch das Bundesamt für Wirtschaft und Ausfuhrkontrolle bietet Fördermaßnahmen im Kontext der energetischen Gebäudemodernisierung an. Im konkreten wird ein Zuschuss zur Energieberatung für die Besitzer von Wohnimmobilien angeboten. Diese Maßnahmen sollen nach Auffassung des Bundesamtes für Wirtschaft und Ausfuhrkontrolle den Eigentümer die Möglichkeit bieten zu ermitteln, wie die Energieeffizienz des eigenen Wohngebäudes verbessert werden kann. Hauptziel ist es auch hierdurch, die Pläne der Bundesregierung hinsichtlich der Reduktion des Wärmeenergiebedarfs zu erreichen (Bundesamt für Wirtschaft und Ausfuhrkontrolle, 2018, S. 2).

Im Rahmen der Energieberatung soll der jeweilige Berater aufzeigen, welche konkreten Maßnahmen im jeweiligen Wohngebäude umgesetzt werden sollten. Hierbei berücksichtigt der Energieberater die jeweiligen Gegebenheiten sowie Fördermaßnahmen, die der Eigentümer in Anspruch nehmen kann und erstellt hieraus ein Sanierungskonzept. Zusätzlich werden die Maßnahmen zusammen mit dem Eigentümer in einem abschließenden Beratungsgespräch näher erläutert (Bundesamt für Wirtschaft und Ausfuhrkontrolle, 2018, S. 2).

Der Zuschuss wird dabei unmittelbar an den Berater ausgezahlt und beträgt 60 % der Honorarsumme jedoch maximal 800 EUR, und sofern es sich um ein Wohnhaus mit mindestens drei Wohneinheiten handelt, 1100 EUR. Bei der Erstellung des Maßnahmenplans kann der Eigentümer in Absprache mit dem Energieberater zwischen einem Konzept für eine einmalige Gesamtsanierung und einem Konzept für eine schrittweise Sanierung über einen längeren Zeitraum hinweg auswählen. Somit können unter anderem auch die finanziellen Verhältnisse auf Seiten des jeweiligen Eigentümers bestmöglich berücksichtigt werden. Hierbei muss jedoch hervorgehoben werden, dass die Reduktion des Energieverbrauchs bei einer schrittweisen Modernisierung auch nur schrittweise gesenkt werden kann (Bundesamt für Wirtschaft und Ausfuhrkontrolle, 2018, S. 4f).

Durch den sogenannten individuellen Sanierungsfahrplan soll der jeweilige Eigentümer einen bestmöglichen Überblick erhalten. Daher wurde dieses Konzept so erstellt, dass mittels unterschiedlicher Visualisierungstechniken der jeweilige Eigentümer einen schnellen und einfachen Überblick über den energetischen Ausgangszustand des Wohngebäudes erhält. Zeitgleich werden auch die Verbrauchswerte nach der Umsetzung der einzelnen Maßnahmen grafisch dargestellt, sodass auch die Verbesserung des Energieverbrauchs durch den Eigentümer, der meist Leihe ist, problemlos nachvollzogen werden kann (Bundesamt für Wirtschaft und Ausfuhrkontrolle, 2018, S. 4).

Die Förderung erfolgt für Eigentümer von Wohngebäuden und Wohnungseigentümergemeinschaften. Maßgeblich für die Förderung ist, dass das Objekt überwiegend zu Wohnzwecken genutzt wird und der Bauantrag beziehungsweise die Bauanzeige bis spätestens zum 31. Januar 2002 gestellt worden ist. Über dieses Förderprogramm wird im Weiteren nur die Beratung und nicht die Ausstellung eines Gebäude Energieausweises gefördert (Bundesamt für Wirtschaft und Ausfuhrkontrolle, 2018, S. 5).
Sofern es sich bei dem Antragsteller um eine Wohnungseigentümergemeinschaft handelt ist ein zusätzlicher Zuschuss von bis zu 500 EUR möglich, wenn der Energieberater das Konzept bei der Eigentümerversammlung beziehungsweise der Beiratssitzung vorstellt (Bundesamt für Wirtschaft und Ausfuhrkontrolle, 2018, S. 6).

3.3 ENERGETISCHE MODERNISIERUNGSMAßNAHMEN

Unter Berücksichtigung von § 555b BGB handelt es sich bei energetischen Modernisierungsmaßnahmen um bauliche Veränderungen, die Zeit dazu geeignet sind Energie einzusparen. Hierbei kann es sich um Einsparungen der sogenannten Endenergie handeln oder um eine Einsparung der nicht erneuerbaren Primärenergie, die beispielsweise für die Beheizung eines Wohngebäudes benötigt wird (Noack & Westner, 2015, S. 168).

Dadurch, dass Gebäude aus einer Vielzahl von unterschiedlichen Bauteilen und Baustoffen zusammengesetzt sind sind auch eine Vielzahl von energetischen Sanierungsmaßnahmen möglich. Hierzu zählen unter anderem der Austausch von Fenstern, der Austausch von Heizungsanlagen, die Dämmung von Kellerdecken und Kelleraußenwänden, die Dämmung des Daches sowie der oberen Geschossdecke und die Dämmung von Außenwänden. Darüber hinaus ist der Einbau von Lüftungsanlagen mit Wärmerückgewinnung oder die Nutzung von Solarthermieanlagen ebenfalls als energetische Modernisierungsmaßnahmen einzustufen (Kofner, 2016, S. 304f).

Auch, wenn heutzutage eine Vielzahl von technischen Möglichkeiten zur energetischen Gebäudemodernisierung existieren, ist stets zu überprüfen, ob bei der jeweiligen Maßnahme der Aspekt der Wirtschaftlichkeit eingehalten wird. Denn nicht immer führen umfangreiche Modernisierungsmaßnahmen zu einer deutlichen Energieeinsparung. Daher sollte stets auch ein angemessenes Verhältnis zwischen Kosten und Nutzen geachtet werden (Böhm & Getzner, 2017, S. 40).
Auch muss stets überprüft werden, welche Maßnahmen tatsächlich technisch möglich beziehungsweise technisch sinnvoll sind. Denn beispielsweise ist das Aufbringen eines Wärmedämmverbundsystems auf einem zweischaligen hinterlüftete Mauerwerk nicht dazu geeignet, Energie einzusparen, wenn nach Beendigung der Maßnahme weiterhin eine Luftschicht zwischen den beiden

Mauerwerksschalen vorhanden ist. Denn Aufgrund der weiterhin vorhandenen Hinterlüftung wird die Wirkung des Wärmedämmverbundsystems nahezu vollständig aufgehoben. Hierbei wäre eine entsprechende Kerndämmung, auf die im weiteren Verlauf dieser wissenschaftlichen Arbeit noch genauer eingegangen wird notwendig (Trauthwein, Volkenant, Wolff, & Goldmann, 2008, S. 55). Entsprechend muss auch eine grundlegende Planung bei der Auswahl und Umsetzung von Modernisierungsmaßnahmen vorgenommen werden (Hopfensperger & Onischke, Der Energieausweis für Gebäude, 2008, S. 155ff).

Werden beispielsweise bestimmte Maßnahmen an einer Immobilie durchgeführt, besteht mitunter auch die Verpflichtung, eine energetische Modernisierung am Gebäude durchzuführen. Eine ähnliche Pflicht ergibt sich auch dann, wenn ein Gebäude verkauft wird und bestimmte Vorgaben der Energieeinsparverordnung beispielsweise aufgrund des Baujahrs des Gebäudes nicht eingehalten werden. Dies bezieht sich dabei insbesondere auf die Dämmung der obersten Geschossdecke, die Dämmung der Außenwände und das Alter der Heizungsanlage (Lange, 2018, S. 316f).

3.4 ASPEKTE DER NACHHALTIGKEIT

Der Begriff der Nachhaltigkeit kann sowohl aus dem ökonomischen Blickwinkel als auch aus dem ökologischen Blickwinkel betrachtet werden. Im Kontext eines verantwortungsvollen Umgangs mit Ressourcen sind beide Bereiche von hoher Bedeutung, da sowohl die ökonomischen Ressourcen sinnvoll eingesetzt werden müssen jedoch die Umwelt nicht durch das Verhalten von Eigentümern geschädigt werden sollte (Tokarski, Schellinger, & Berchtold, 2019, S. 217).

Der Begriff der ökologischen Nachhaltigkeit beschreibt dementsprechend einen sinnvollen Einsatz von ökologischen Ressourcen, wie Rohstoffen. Im Weiteren bezieht sich dieser Begriff auch auf das Überleben und den Gesundheitszustand von Ökosystemen. Somit ist es notwendig, die ökologische Nachhaltigkeit zu berücksichtigten, da anderenfalls wichtige Rohstoffe und Ressourcen nachhaltig zerstört werden (Rogall, 2002, S. 309f).

Der Begriff der ökonomischen Nachhaltigkeit stellt hingegen auf den sinnvollen Einsatz von eingehenden Ressourcen ab (Tokarski, Schellinger, & Berchtold, 2019, S. 227). Dementsprechend ist darauf zu achten, dass die genutzten Rohstoffe nicht verschwendet werden und möglichst wenig Abfall beziehungsweise bei der Beheizung von Gebäuden unnötige Abwärme, die nicht zur Beheizung des Gebäudes genutzt werden kann, vermieden wird.

„Die ökonomische Nachhaltigkeit wird häufig als Bedingung einer nicht nachlassenden ökonomischen Wohlfahrt interpretiert. Dies setzt voraus, dass die zur Erreichung einer bestimmten Wohlfahrt benötigten Ressourcen auch weiterhin und mindestens in gleichwertiger, bzw. vorzugsweise in besserer Güte verfügbar sind. Unter Ressourcen versteht man in diesem Zusammenhang die zu einem bestimmten Zeitpunkt verfügbaren Güter, Waren, Kapital oder Dienste. Die Güte dieser Ressourcen zielt auf deren Verfügbarkeit und Qualität ab, in welcher sie zur Verwendung bereitstehen" (Nowak, o. J.).

Ebenfalls muss bei der Nachhaltigkeitsbetrachtung im Kontext von Immobilien der soziokulturelle Aspekt und die funktionale Qualität beachtet werden. Hierbei handelt es sich jedoch primär um einen standortbezogenen Aspekt, sodass der Besitzer der jeweiligen Immobilie als solches durch die Gestaltung und Bewirtschaftung seines Gebäudes nur in Verbindung mit weiteren Immobilieneigentümern im jeweiligen Wohnquartier einen Einfluss ausüben kann. Zudem haben die Nutzer unterschiedliche Anforderungen an die Immobilie, sodass ein Aspekt der nachhaltigen Entwicklung und Bewirtschaftung von Immobilien auch darin liegt, sicherzustellen, dass deren Bedürfnisse beispielsweise nach einem geringen Energieverbrauch oder einer Barrierefreiheit berücksichtigt werden. Dies bezieht sich dabei auch auf Aspekte wie die Behaglichkeit und die Gesundheit der Nutzer

(Motzko, 2013, S. 116), sodass beispielsweise durch eine nachträgliche Wärmedämmung die Behaglichkeit gesteigert (Weller, Fahrion, & Jakubetz, Denkmal und Energie, 2012, S. 221) und in Abhängigkeit von der genutzten Methode auch das Gebäude als solches optisch aufgewertet werden kann (Hopfensperger, Onischke, & Spöth, 2009, S. 101).

Im Kontext der nachhaltigen Gebäudedämmung muss auch der Einsatz von Ressourcen zur Produktion der Dämmstoffe berücksichtigt werden. In diesem Kontext ist oftmals der Mythos anzutreffen, dass Gebäudedämmung mit einer hohen Schichtdicke bei der Produktion mehr Ressourcen benötigen, als über die gesamte Lebensdauer hinweg eingespart werden. Im Allgemeinen ist jedoch festzustellen, dass immer deutlich mehr Energie eingespart wird als bei der Produktion eingesetzt wird. Dies wird insbesondere dann deutlich, wenn ein längerer Betrachtungszeitraum, mehr als zehn Jahren genutzt wird. (VDI Zentrum Ressourceneffizienz GmbH, 2016, S. 4ff). Dennoch sollte bei der Auswahl des Dämmstoffes auch die jeweilige energetische Amortisationszeit berücksichtigt werden. Diese ist beispielsweise bei Zellulose oder Steinwolle signifikant geringer als bei einer Holzwollleichtbauplatte oder einer Calciumsilikatplatte (Drewer, 2019, S. 2) (Vgl. hierzu auch Kapitel 6.3).

Beispielsweise werden für die Herstellung von expandiertem Polystyrol zur Dämmung eines Einfamilienwohnhauses unter Berücksichtigung der ab 2016 gültigen Grenzwerte der Energieeinsparverordnung bei einem klassischen Wohngebäude mit einem U-Wert von 0,21 W/m²K zur Erstellung der Wärmedämmung 70 kWh/m² Energie benötigt. Über einen Zeitraum von 40 Jahren wird dabei jedoch eine Energieeinsparung in Höhe von 4.171 kWh/m² erzielt. Bei einer Gebäudedämmung auf Passivhaus Standard (U = 0,15 W/m²K) werden mit 98 kWh/m² mehr Energieressourcen für die Produktion der Wärmedämmung benötigt, jedoch auch mit 4.351 kWh/m² eine erhöhte Energieeinsparung erzielt (VDI Zentrum Ressourceneffizienz GmbH, 2016, S. 6).

Der Energieeinsatz bei der Produktion von Dämmstoffen wird auch dadurch beeinflusst, um welchen Dämmstoff es sich handelt. Hierbei muss im Weiteren berücksichtigt werden ob ein Recycling des jeweiligen Dämmstoffes möglich ist. Zudem setzt sich der gesamte Primärenergiebedarf sowohl aus erneuerbarer Energie und erneuerbare Energie zusammen (VDI Zentrum Ressourceneffizienz GmbH, 2016, S. 11ff).

Anhand der nachfolgend dargestellten Abbildung (Abbildung Nr. 1) ist zu erkennen, dass sich insbesondere natürliche Ressourcen wie Stroh und Zellulosefasern bedingt durch ihren natürlichen Ursprung durch einen hohen Anteil an erneuerbarer Primärenergie kennzeichnen. Auffällig ist jedoch, dass beispielsweise Baustoffe wie Holzfaserdämmplatten trotz des natürlichen Ausgangsmaterials einen sehr hohen Gesamtenergiebedarf aufweisen und in der Gesamtbetrachtung deutlich mehr Energie benötigen als beispielsweise zur Produktion von expandiertem Polystyrol. Demnach sollte auch die Ökobilanz sowie die Umweltproduktdeklaration berücksichtigt werden.

Zum Ende der Lebenszeit erfolgt ein Rückbau und eine Entsorgung des jeweiligen Dämmstoffes. Wiederverwertung des jeweiligen Dämmstoffes muss heutzutage noch vergleichsweise kritisch betrachtet werden. Denn für viele Baustoffe besteht zum aktuellen Zeitpunkt lediglich die Möglichkeit der thermischen Verwertung oder der Deponierung. Für natürliche Baustoffe kann gegebenenfalls auch eine Kompostierung möglich sein, jedoch muss berücksichtigt werden, dass viele natürliche Dämmstoffe zusätzlich behandelt worden sind, um einen verbesserten Brandschutz zu gewährleisten, sodass eine Kompostierung oftmals auch nicht oder nur mit zusätzlichem Aufwand möglich ist (VDI Zentrum Ressourceneffizienz GmbH, 2016, S. 22) (Fouad, 2015, S. 32) (Dahi, 2012, S. 134).

Beispielsweise wird für den Holzfaserdämmstoff der Firma STEICO bei einem schadensfreien Rückbau eine Wiederverwertung von nicht verunreinigten Dämmstoffen vorgesehen. Alternativ wird eine thermische Verwertung beispielsweise in Müllverbrennungsanlagen in der Umweltproduktdeklaration vorgeschlagen (IBU - Institut Bauen und Umwelt e.V., 2016, S. 5). Insbesondere der schadensfreie Rückbau ist nach der Montage von Wärmedämmungen meist nicht mehr möglich, zudem kommt es durch den Einbau oftmals zu Anhaftungen von Fremdmaterialien wie Kleber oder ähnlichem, sodass der Aspekt der Rückführung in den Produktionsprozess bei diesem Produkt kritisch betrachtet werden muss.

In Abhängigkeit vom jeweiligen Dämmstoff werden bei der thermischen Verwertung (Verbrennung) diese Materialien als Alternative zum Einsatz von anderweitigen fossilen Brennstoffen genutzt. Hierdurch kann einerseits elektrische Energie und andererseits thermische Energie beispielsweise zur industriellen Nutzung oder auch zur Nutzung innerhalb eines Fernwärmesystems erzeugt werden. Darüber hinaus bei der ökologischen Bilanzierung des jeweiligen Dämmstoffes berücksichtigt werden. Insbesondere die zuvor kritisierten Holzfaserdämmplatten und auch Polystyrol-Produkte können im Rahmen der thermischen Verwertung eine große Energiemenge freisetzen, sodass dies zu einer Verbesserung der Energiebilanz bei Gesamtbetrachtung von der Herstellung bis zur Entsorgung führt (VDI Zentrum Ressourceneffizienz GmbH, 2016, S. 22ff).

Dennoch kann die Verbrennung von Dämmstoffen im Rahmen des Recyclingprozesses nur bedingt als sinnvoll eingestuft werden. Zwar kann durch die Nutzung der thermischen Energie im Vergleich zur Deponierung noch ein gewisser Nutzen erzielt werden. Dennoch ist es ökologisch gesehen betrachtet grundsätzlich sinnvoller, die eingesetzten Ressourcen auch wieder zu verwerten.

Eine Wiederverwertung ist jedoch bei jedem Dämmstoff möglich. Ein positives Beispiel stellt hierbei die Nutzung von Steinwolle dar, denn diese ermöglicht es

Verschnitt und Restprodukte aber auch Material, das zuvor für mehrere Jahrzehnte als Dämmung eingesetzt worden ist dem Produktionsprozess wieder zuzuführen und somit zu recyceln. Insgesamt setzt sich das neue Produkt anschließend aus einem Anteil von 25 % Recyclingmaterial und 75 % neue Rohstoffe zusammen (DEUTSCHE ROCKWOOL GmbH & Co. KG, 2017, S. 7).

Auch hierbei muss erwähnt werden, dass das Recycling von Dämmstoffen im Vergleich zum Recycling von anderen Materialien wie beispielsweise Altpapier noch vergleichsweise jung ist und noch ein großes Potenzial besteht. Dementsprechend stellt die Kreislaufwirtschaft und insbesondere der Rücktransport von bereits genutztem Material noch eine große Herausforderung für die Dämmstoffhersteller dar (DEUTSCHE ROCKWOOL GmbH & Co. KG, 2018, S. 2).

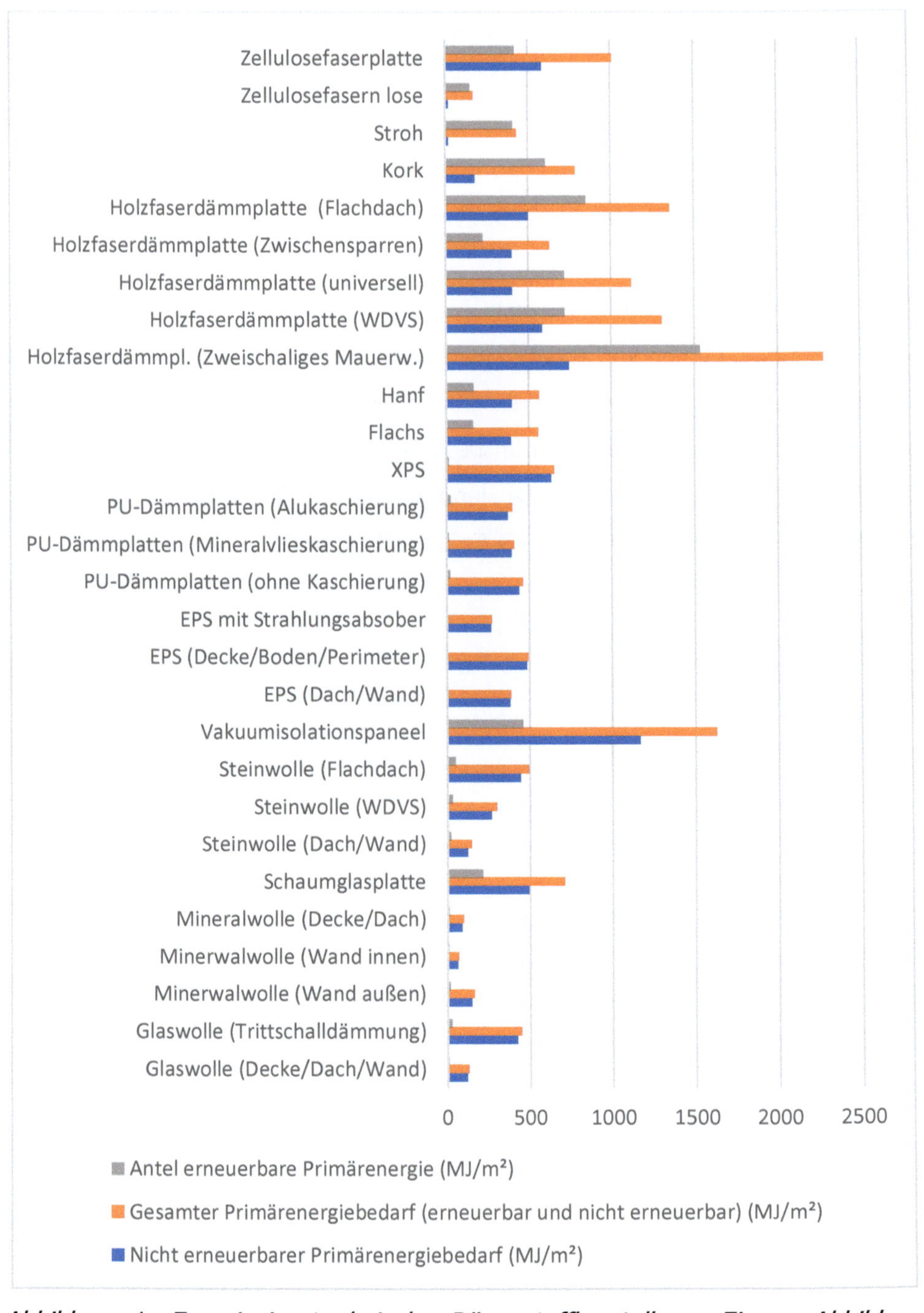

Abbildung 1: Energieeinsatz bei der Dämmstoffherstellung, Eigene Abbildung, Datenquelle: (VDI Zentrum Ressourceneffizienz GmbH, 2016, S. 11ff).

Im Kontext in der Nachhaltigkeit muss daher auch die sogenannten Ökobilanz des jeweiligen Produktes betrachtet werden. Durch die Ökobilanz (auch Umweltbilanz) können die Auswirkungen eines Produktes auf die Umwelt verdeutlicht werden. Dabei werden die verschiedenen Schritte, die für die Produktion und Entsorgung eines Produktes benötigt werden, abgebildet. Bei der Erstellung der Ökobilanz erfolgt stets eine Gesamtbetrachtung von der Rohstoffgewinnung über die Verarbeitung bis zum Transport sowie der eigentlichen Nutzung und der Phase nach dem das Produkt genutzt worden ist und entsorgt werden soll (Kranert & Cord-Landwehr, 2010, S. 536ff).

Die Ökobilanz kann dabei in die Bestandteile Sachbilanz, Wirkungsbilanz und Bewertung untergliedert werden. Diese Obergruppen können ihrerseits wieder in einzelne Bestandteile unterteilt werden. Das grundlegende Ziel beim Aufstellen der Ökobilanz besteht jedoch darin, die Vorteile und Nachteile verschiedener Produktionsverfahren miteinander zu vergleichen und daraus die optimale Strategie für das jeweilige Unternehmen abzuleiten (Schellhorn, 1997, S. 144).

In Diesem Zusammenhang muss daher auch in drei Typen der Ökobilanz unterschieden werden. Die „normale" Ökobilanz bildet die Umweltaspekte eins speziellen Produktes ab. Hingegen dient die vergleichende Ökobilanz zum Vergleich verschiedener Produkte miteinander. Bei einer ganzheitlichen Bilanz werden wirtschaftliche, technische sowie soziale Aspekte mit einbezogen. Dies führt jedoch im Weiteren auch zu der grundlegenden Problematik, dass aufgrund der unterschiedlichen Formen und Anwendungen der Ökobilanz nur schwer ein Vergleich zwischen unterschiedlichen Ökobilanzen und somit zwischen unterschiedlichen Unternehmen hergestellt werden kann (Hetterich, 2013, S. 200).

Am Beispiel des Recyclings von Steinwolle der Firma ROCKWOOL wird deutlich, dass derartige Produkte besonders nachhaltig sind. Zwar werden auch hierbei zunächst Ressourcen für die Produktion des jeweiligen Dämmstoffes benötigt, dennoch können über die gesamte Nutzungsdauer des Produktes größere Energieeinsparungen erzielt werden als Energie für die Produktion des jeweiligen Produktes notwendig ist. Ist zusätzlich eine Rückführung des Dämmstoffes in den Produktionsprozess möglich, wird sich dies zusätzlich positiv auf die ökologische Bilanz des jeweiligen Dämmstoffes aus.

Dies führt unter Betrachtung der ökologischen Aspekte zu der Schlussfolgerung, dass sofern die örtlichen Voraussetzungen es zulassen, vorzugsweise Dämmstoffe eingesetzt werden können, die eine möglichst gute Ökobilanz vorweisen können. Hierzu zählen unter anderem die Steinwolle aber auch andere Dämmstoffe wie beispielsweise Zellulose (Vgl. Abbildung Nr. 1).

In diesem Kontext muss jedoch hervorgehoben werden, dass die bisherigen Bestrebungen hinsichtlich des Recyclings von Dämmstoffen noch stark ausbaufähig sind. Insbesondere fehlt es hierbei noch an einem standardisierten Rücknahmesystem, was die Rückführung in den Produktionskreislauf aktuell noch deutlich erschwert. Zwar sind Dämmstoffhersteller wie beispielsweise ROCKWOOL bereits zum aktuellen Zeitpunkt bemüht, möglichst viele Abfallprodukte wieder in den Prozesskreislauf zurückzuführen, dennoch ist aufgrund der problematischen logistischen Situation meist nur eine Rücknahme von größeren Mengen, wie sie bei größeren Bauvorhaben entstehen möglich (DEUTSCHE ROCKWOOL GmbH & Co. KG, 2018, S. 7).

Hier fehlt es noch an weiteren Entsorgungsmöglichkeiten insbesondere für kleine Mengen. Mithin bietet es sich an im Rahmen weiterer Forschungsvorhaben zu überprüfen, ob die Einrichtung von zentralen Sammelstellen für die Rückführung von Dämmstoffen in den Prozesskreislauf beispielsweise an lokalen Wertstoffhöfen, wie es für andere Baustoffe und Wertstoffe bereits gehandhabt wird möglich ist. Ein derartiges Angebot würde zumindest dazu beitragen, dass weitere Mengen, insbesondere von kleineren Bauvorhaben den Prozesskreislauf wieder zugeführt werden können und somit die Umweltbilanz des jeweiligen Dämmstoffes noch weiter verbessert werden kann.

Derartige Vorhaben zum Recycling von Dämmstoffen müssen jedoch kritisch betrachtet werden, denn Dämmstoffe weisen ein großes Volumen auf. Somit wird vergleichsweise viel Platz benötigt, um eine Rückführung in den Kreislauf zu ermöglichen. Demnach ergeben sich hohe Kosten für die Wiederverwendung der Dämmstoffe. Mitunter würde dies dazu führen, dass die recycelten Dämmstoffe teurer sind als Dämmstoffe, die neu hergestellt werden. Im Weiteren sind auch lange Transportwege von der Baustelle bis zum Hersteller zu berücksichtigen, was sich negativ auf die Umweltbilanz auswirken würde. Somit ergibt sich eine Sinnhaftigkeit nur dann, wenn anderenfalls eine Leerfahrt stattfinden würde. Insgesamt sollte stets der Fokus auf eine Wiederverwertung vor Ort gelegt werden, um den Einfluss auf die Umwelt zu minimieren. Dennoch kann das Bestreben Dämmstoffe wiederzuverwenden beziehungsweise in den Prozesskreislauf zurückzuführen nicht grundsätzlich abgelehnt werden. Vielmehr muss hierbei untersucht werden, wie es möglich ist die Schwachstellen des Recyclings beziehungsweise der Rückführung in den Prozesskreislauf zu minimieren.

AUSGEWÄHLTE METHODEN DER NACHTRÄGLICHEN GEBÄUDEDÄMMUNG

Aufgrund der Vielzahl von unterschiedlichen Methoden und Hersteller kann innerhalb dieser wissenschaftlichen Arbeit nur auf ausgewählte Methoden der nachträglichen Gebäudedämmung eingegangen werden. Daher wurde entschieden sich neben klassischen Methoden der nachträglichen Gebäudedämmung mittels Wärmedämmverbundsystem, bei der beispielsweise Styropor, Steinwolle oder Glaswolle eingesetzt werden auch ein vergleichsweise minimalinvasives Verfahren wie das Verfahren der Einblasdämmung zu betrachten.

Darüber hinaus erfolgt eine Betrachtung der sogenannten vorgehängten hinterlüfteten Fassade, dass eine Alternative zum Wärmedämmverbundsystem darstellen kann. Bei der nachfolgenden Beschreibung der verschiedenen Methoden wurde entsprechend versucht diese Systeme möglichst allgemein und somit ohne die Berücksichtigung von herstellerspezifischen Vorgaben und Besonderheiten darzustellen.

4.1 VORGEHÄNGTE HINTERLÜFTETE FASSADE

Das System der vorgehängten hinterlüfteten Fassade kann sowohl im Neubau als auch zur nachträglichen Dämmung von Bestandsgebäuden eingesetzt werden. Durch die Nutzung von unterschiedlichen Materialien wird diese Form der Fassadenbekleidung auch häufig durch Architekten als gestalterisches Element eingesetzt.

Das System der vorgehängten hinterlüfteten Fassade (VHF) setzt sich dabei aus verschiedenen Komponenten zusammen. Als Untergrund für die Verankerung der vorgehängten hinterlüfteten Fassade dient üblicherweise die tragende Außenwand des jeweiligen Gebäudes. An diese Wand werden sogenannte Verankerungselemente befestigt (DIN Deutsches Institut für Normung e. V. , 2010, S. 7). Diese verfügen in Abhängigkeit vom jeweiligen Hersteller auch über ein thermisches Trennelement, sodass einer möglichen Wärmebrücke entgegengewirkt wird. Dabei muss jedoch hervorgehoben werden, dass die Schrauben beziehungsweise Bolzen, die zur Verankerung der Verankerungselemente dienen ebenfalls eine Wärmebrücke in einem geringen Ausmaß darstellen können (Schuck, 2007, S. 29).

Unmittelbar auf das Außenmauerwerk wird eine mineralische Dämmung üblicherweise in Form von Steinwolle oder Glaswolle aufgebracht. Die Verbindung zwischen dem Verankerungselement und den Bekleidungselementen bildet dabei die Wandkonsole in Verbindung mit den Tragprofilen und bei Bedarf weiteren Schalungselementen. Durch die Beschaffenheit und Anordnung üben diese Bauteile eine statische Funktion aus und müssen daher entsprechend den Herstellervorschriften eingebaut werden. Die Befestigung erfolgt dabei stets mit metallischen Bauteilen und Elementen, sodass die Stabilität dieser Bauteile auch langfristig gewährleistet werden kann. (DIN Deutsches Institut für Normung e. V. , 2010, S. 7f).

Zwischen dem Bekleidungselement, das bei der Betrachtung der Fassade sichtbar ist und der an der Gebäudeaußenwand angebrachten Wärmedämmung liegt der sogenannte Hinterlüftungsraum (DIN Deutsches Institut für Normung e. V. , 2010, S. 7f). Dieser wird von der Außenluft durchströmt, sodass die Bekleidungselemente keine unmittelbare wärmedämmende Funktion aufweisen, sondern einerseits ein gestalterisches Element darstellen und andererseits den Wetterschutz sicherstellen.

Durch den systematischen Aufbau und die damit verbundene physikalische Trennung der Komponenten wird ein kapillarer Wassertransport nach einer Beregnung verhindert. Zudem sorgt der Belüftungsraum für eine kontinuierliche Feuchtigkeitsabfuhr (Krolkiewicz, 2010, S. 103). Dies wird auch anhand der nachfolgenden Abbildung verdeutlicht.

Dennoch muss beispielsweise in Meeresnähe oder bei anderen extremen Witterungsbedingungen ein zusätzlicher Schutz auf der, der Bewitterung ausgesetzten Seite, aufgebracht werden. Hierfür werden durch verschiedene Hersteller spezielle Bekleidungselemente bereitgestellt (Krolkiewicz, 2010, S. 103).

Dadurch, dass die Fassadenbekleidung einen Schlagregenschutz sowie Feuchteschutz darstellt, kommt es üblicherweise auch zu keinem durch Diffusion bedingten Feuchteeintrag. Auch wenn das System aus verschiedenen Baustoffen besteht, kann bei einem luftdichten Anschluss des Tragwerkes eine Unterschreitung der Taupunkttemperatur vermieden werden (Gonzalo & Habermann, 2012, S. 105). Dementsprechend müssen auch bei der Planung eines derartigen Dämmsystems die bauphysikalischen Grundsätze beachtet werden. Insbesondere bezieht sich dies auf durch Unterkonstruktionen, Verankerungselemente, Anschlussbleche und Dämmstoffhalter bedingte Wärmebrücken. Darüber hinaus sind konstruktiv bedingte Wärmebrücken wie Fensteranschlüsse ebenfalls bei der Planung des Dämmsystems zu berücksichtigen (Schuck, 2007, S. 29).

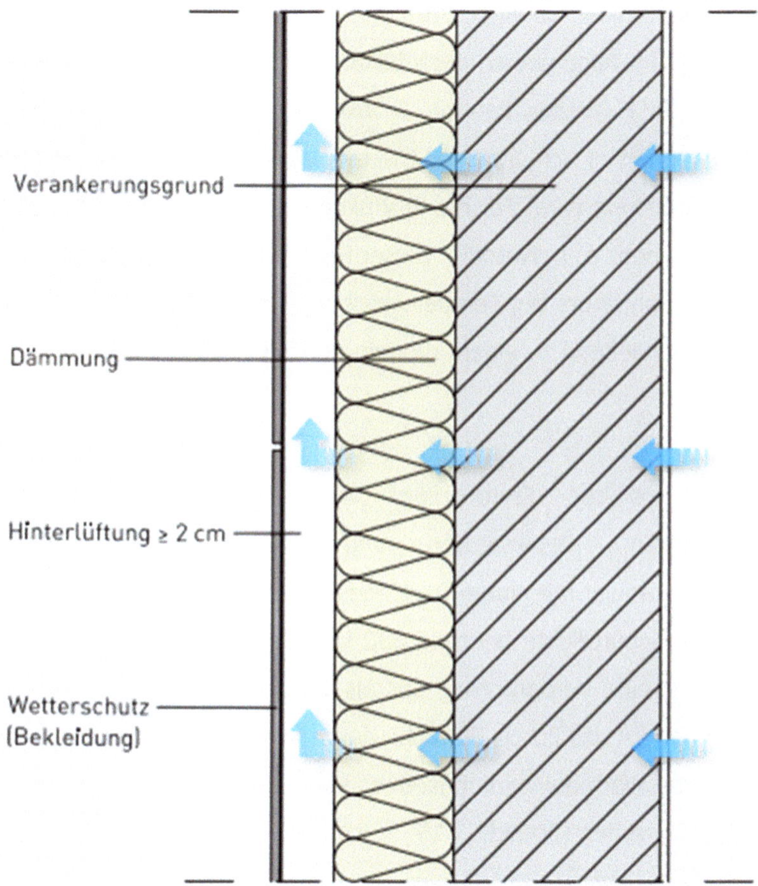

Abbildung 2: Schematischer Aufbau einer vorgehängten hinterlüfteten Fassade (DEUTSCHE ROCKWOOL GmbH & Co. KG, 2017, S. 8)

Jedoch bieten diese Elemente nicht nur einen Schutz vor Kälte und Feuchteeinträgen, sondern sorgen auch im Sommer für ein behagliches Wohnklima. Durch die Kombination einer ausreichend dimensionierten Wärmedämmung und der Wärmespeicherung innerhalb der Konstruktion wird gewährleistet, dass ein verminderter Wärmeeintrag stattfindet (Roberts & Guariento, 2009, S. 47).

4.2   DÄMMUNG MITTELS EXPANDIERTEM POLYSTYROL

Eine weitere Möglichkeit Gebäude zu dämmen ist die Nutzung von expandiertem Polystyrol (EPS). Im Allgemeinen auch bekannt unter dem Markennamen Styropor des Herstellers BASF (Weller, Fahrion, & Jakubetz, Denkmal und Energie, 2012, S. 181). Hierbei handelt es sich um einen thermoplastischen Kunststoff, der aus Benzol und Ethylen hergestellt wird. Für die Produktion ist eine Umwandlung von Erdöl in Naphtha (Chemiebenzin) notwendig. Dieser Rohstoff wird im weiteren Verlauf unter Zugabe eines Katalysators bei Temperaturen von 90 °C (±5 °C) zu Ethylenbenzol alkyliert und anschließend zu einem monomeren Styrol dehydriert (Fouad, 2015, S. 85).

Aus dem monomeren Styrol wird unter Zugabe von Additiven wie Flammschutzmitteln, Stabilisatoren und Treibmitteln ein glasähnliches perlenförmiges Granulat mit einem Durchmesser von 1 bis 3 Millimetern hergestellt. Hierbei liegt die Schüttdichte bei rund 650 kg/m³. Im weiteren Produktionsverlauf erfolgt bei 90 °C eine Verdampfung des als Treibmittel genutzten Pentan, sodass sich das Granulat auf das 20 bis 50-fache der ursprünglichen Größe aufbläht. Durch die Variation der Wärmeeinwirkungsdauer kann die Expansion dementsprechend auch beeinflusst werden (Fouad, 2015, S. 85).

Nach diesem Schritt erfolgt erst eine Zwischenlagerung in belüfteten Silos zur Abkühlung bevor eine weitere Verarbeitung und Expansion in diskontinuierlich arbeitenden Produktionsanlagen unter Hinzugabe von 110 bis 120 °C heißem Wasserdampf erfolgt. Die Hinzugabe des Wasserdampfes kann dabei sowohl in Metallformen, bei denen die Bedampfung über die Seitenwände erfolgt oder über das sogenannte Doppelbandverfahren, bei denen die beiden Seiten des Fließbandes mit heißem Wasserdampf beaufschlagt, werden (vgl. Abbildung Nr. 3). Aus den so erzeugten Strängen beziehungsweise Blöcken werden beispielsweise EPS-Platten in verschiedenen Maßen und Stärken produziert. Diese weisen nach ihrer finalen

Wasserdampfbehandlung und Expansion ein Luftporenvolumen von ca. 98 Vol-% auf, sodass die wärmedämmende Wirkung primär über die eingeschlossene Luft erfolgt (Fouad, 2015, S. 85).

Bevor jedoch eine Nutzung dieses Dämmstoffes möglich ist, ist aufgrund eines Schrumpfungsprozesses eine Lagerung von mindestens sechs Wochen notwendig. Wird diese Lagerzeit nicht eingehalten, kann mitunter eine Schrumpfung nach der Montage erfolgen und Schäden beispielsweise am Wärmedämmverbundsystem hervorrufen (Sedlbauer, Schnuck, Barthel, & Künzel, 2010, S. 94).

Neben dem klassischen weißfarbenen expandiertem Polystyrol existieren auch Weiterentwicklungen wie beispielsweise das Produkt mit dem Markennamen "Neopor". Bei diesem Produkt wird zusätzlich Grafit hinzugefügt, sodass Strahlungsvorgänge weitgehend unterbunden werden. Dieses Produkt weist hierdurch bei einer vergleichbaren Rohdichte eine um rund 20% reduzierte Wärmeleitfähigkeit auf. Alternativ lassen sich bei einer vergleichbaren Wärmeleitfähigkeit Dämmmaterialien mit einer geringeren Rohdichte herstellen (Peters, 2012, S. 102).

Neben den klassischen Platten ist expandiertes Polystyrol auch als Granulat oder als Formteile erhältlich. Die üblicherweise für die Gebäudedämmung genutzten Platten können in Dicken von mehreren Millimetern bis zu 50 cm hergestellt werden (Mileto, Vegas, & Cristini, 2012, S. 226) und eignen sich neben der Fassadendämmung auch für die Dämmung von Decken, Dächern oder unterhalb des schwimmenden Estrichs (Neimke & Erlenbeck, 2008, S. 108). Zur Kerndämmung kann hingegen expandiertes Polystyrol in Form von Granulat eingesetzt werden (Stahr & Hinz, 2011, S. 154).

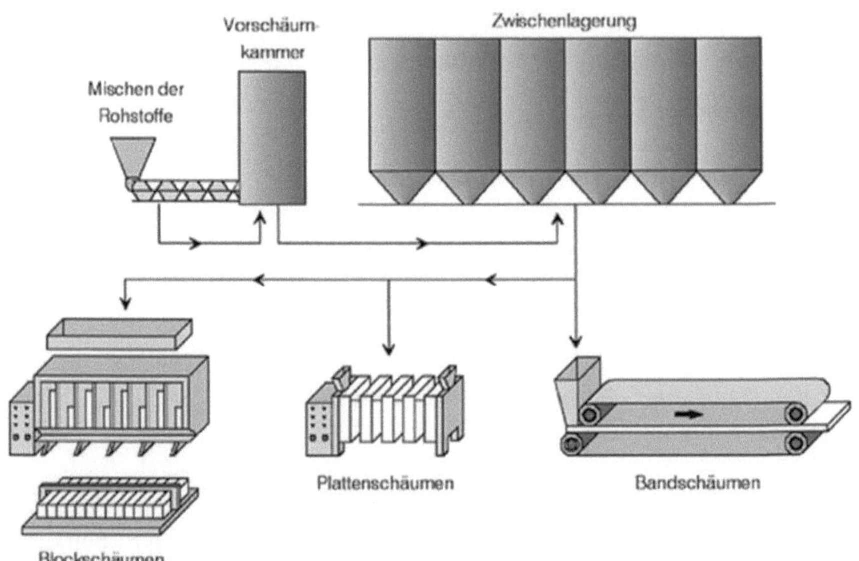

Abbildung 3: Schematische Darstellung der Herstellung von expandiertem Polystyrol (EPS) (Fouad, 2015, S. 85)

Bei der Nutzung von expandiertem Polystyrol muss beachtet werden, dass dieses nicht mit lösemittelhaltigen Stoffen in Kontakt kommt, da anderenfalls Schäden an dem Baustoff hervorgerufen werden können (Schwedt, 2013, S. 14). Somit muss eine Verarbeitung stets mit dafür geeigneten Klebstoffen erfolgen. Hierbei sollte stets die Zulassung des Herstellers berücksichtigt werden. Auch bei einer längeren UV-Bestrahlung können Schäden hervorgehoben werden (Weller, Fahrion, & Jakubetz, Denkmal und Energie, 2012, S. 181).

Eine Verarbeitung dieses Dämmstoffes ist mit einfachen Werkzeugen wie Sägen oder Hobeln aber auch mit einem Heißdrahtschneidegerät möglich (IBO - Österreichisches Institut für Bauen und Ökologie (Hrsg.), 2017, S. 198). Bei einer Nutzung von Heißdrahtschneidegeräten muss jedoch darauf geachtet werden, dass die entstehenden Dämpfe nicht eingeatmet werden, um Atemwegsreizungen zu vermeiden (Hugues, Steiger, & Weber, 2012, S. 57).

Beim Einsatz dieses Dämmstoffes muss beachtet werden, dass dieser nicht über einen längeren Zeitraum von Temperaturen über 75 bis 85 °C ausgesetzt wird (Sedlbauer, Schnuck, Barthel, & Künzel, 2010, S. 94). Denn bereits bei Temperaturen von rund 110 °C findet ein Zersetzungsprozess des Dämmstoffes statt (Streck, 2011, S. 171). Bei einem Brand bilden sich neben dichtem Rauch auch schädliche Styrole, Schwefelwasserstoff ätzende Brandgase, polyzyklische aromatische Kohlenwasserstoffe (PAK) und Kohlenmonoxid (Pfundstein, Gellert, Spitzner, & Rudolphi, 2009, S. 15).

Studien haben hinsichtlich des Einsatzes von expandiertem Polystyrol gezeigt, dass dieser für einen Zeitraum von mindestens 50 Jahre formstabil und alterungsbeständig bleibt und durch seine Beschaffenheit auch unempfindlich gegen Feuchtigkeit ist. Voraussetzung ist jedoch ein ordnungsgemäßer Einbau des Materials, damit sich langfristig keine Änderungen hinsichtlich der bauphysikalischen Beschaffenheitsmerkmale ergeben (Fouad, 2015, S. 86).

Neben den technischen Aspekten müssen beim Einsatz eines derartigen Dämmstoffes auch gesundheitliche sowie ökologische Aspekte berücksichtigt werden. Grundsätzlich ist zunächst davon ausgehen, dass bei gewöhnlicher Verwendung dieses Baustoffes keine Auswirkungen für Mensch und Umwelt entstehen (Naumer, 2008, S. 142). Hingegen werden bei einem Brand wie bereits zuvor erwähnt schädliche Gase freigesetzt. Auch bei der Herstellung können gesundheitliche Substanzen anfallen, sodass geeignete Maßnahmen ergriffen werden müssen um eine Auswirkung auf die Produktionsmitarbeiter und die Umwelt zu verhindern (Pfundstein, Gellert, Spitzner, & Rudolphi, 2009, S. 15).

In Abhängigkeit von der Dichtung des jeweiligen Herstellungsverfahrens werden pro Kubikmeter expandiertem Polystyrol 550 bis 900 kWh Energie benötigt (Fouad, 2015, S. 87). Jedoch existieren diesbezüglich auch keine einheitlichen Angaben in der Literatur beispielsweise wird in der Umweltproduktdeklaration des

Industrieverband Hartschaum e. V. für EPS-Hartschaum (Styropor ®) für Decken / Böden und als Perimeterdämmung B/P-040 auf einen Anteil nicht erneuerbarer Primärenergie (PENRT) von 1.590 MJ/m³ verwiesen (Institut Bauen und Umwelt e.V. (IBU), 2015, S. 8). Mitunter besteht jedoch die Möglichkeit die insbesondere im Produktionsprozess benötigte Energie zur Erzeugung der Prozesstemperaturen mittels erneuerbarer Energieträger zu erzeugen (Fouad, 2015, S. 87).

Als problematisch ist bei diesem Dämmstoff jedoch die Wiederverwendbarkeit hervorzuheben. Denn dadurch, dass die Dämmplatten üblicherweise fest verklebt werden, können diese meist auch nicht unbeschädigt ausgebaut werden. Hingegen wäre eine Wiederverwertung von expandiertem Polystyrol in Form von Granulat grundsätzlich möglich, wenn dieses keine Verschmutzungen aufweist. Da eine anderweitige Wiederverwendung meist nicht möglich ist, erfolgt nach der Rückgabe dieses Baumaterials an dafür geeignete Annahmestellen meist ein Einsatz in Müllverbrennungsanlagen und somit eine thermische Nutzung dieses Baustoffes. Jedoch besteht auch die Möglichkeit das expandierte Polystyrol mittels heißer Luft einzuschmelzen oder mittels hydraulischer Pressen zu komprimieren, sodass sich Ballen mit einer Rohdichte von 400 kg/m³ ergeben. Anschließend werden diese Ballen aufgebrochen und in einem weiteren Schritt von groben Verunreinigungen befreit. Anschließend wird das verbleibende Material zermahlen, gewaschen sowie getrocknet. Dieses Material kann dann wiederum zu Granulat weiterverarbeitet werden und daraus entsprechend neue Verpackungsmaterialien oder Dämmstoffe hergestellt werden (Förtsch & Meinholz, 2015, S. 342).

Eine weitere Möglichkeit hierbei bildet das sogenannte CreaSolv® Verfahren. Durch dieses Verfahren kann eine deutliche Volumenreduzierung erreicht und zeitgleich eine Abtrennung von Verunreinigungen vorgenommen werden. Somit kann ein hochreines Material wieder zurückgeführt werden (CreaCycle GmbH, o. J.). Als problematisch könnte hier das bisher genutzte Flammschutzmittel Hexabromcyclodecan (HBCD) genannt werden. Jedoch bestätigte ein Test aus dem

Jahre 2014, dass bei der Nutzung des CreaSolv® Verfahrens eine Ausschleusung von 99,7% des Flammschutzmittels erreicht werden konnte. In Verbindung mit einer Brom-Rückgewinnungsanlage konnte dieser Wert sogar auf 99,999% erhöht werden, sodass der POP-Richtlinie der Baseler Konvention entsprochen wird (Mäurer & Schlummer, 2014, S. 452ff).

4.3   MINERALWOLLE

Bei dem Dämmstoff Mineralwolle muss zunächst zwischen verschiedenen Kategorien im Mineralwolle unterschieden werden. Hierbei ist eine primäre Unterscheidung zwischen der sogenannten Glaswolle und der sogenannten Steinwolle möglich. Hierbei handelt es sich bei beiden Dämmstoffen um eine künstliche Mineralfaser, bei denen als Rohstoffe beispielsweise Basalt, Feldspat, Kalkstein, Diabas, Quarzsand oder Altglas und darüber hinaus Bindemittel eingesetzt werden (Dehn, König, & Marzahn, 2003, S. 569).

Im Rahmen des Produktionsprozesses werden in Abhängigkeit von dem jeweiligen Dämmstoff und der gewünschten Rohdichte aus 1 m³ Ausgangsstoff bis zu 100 m³ Dämmstoff produziert (Fouad, 2015, S. 80). Die Produktion erfolgt dabei üblicherweise in einem sogenannten Kupolofen, der mit Koks beheizt wird und die Rohstoffe bei einer Temperatur von rund 1.500 °C schmilzt, bevor diese anschließend zu feinen Fasern weiterverarbeitet werden (IBO - Österreichisches Institut für Bauen und Ökologie (Hrsg.), 2017, S. 196).

Bei der Weiterverarbeitung zu Fasern werden unterschiedliche Verfahren beziehungsweise Verfahrenskombinationen angewandt. Mit dem sogenannten Ziehverfahren werden meist nur kleinere Mengen an Fasern für spezielle Verwendungszwecke hergestellt. Häufiger wird das sogenannte Schleuderverfahren genutzt, bei dem der geschmolzene Rohstoff auf eine rotierende Scheibe oder eine rotierende Trommel trifft und durch die Zentrifugalkraft weggeschleudert wird. Eine weitere Möglichkeit zur Erzeugung feiner Mineralfasern ist das sogenannte

Blasverfahren, bei dem ein dünner Strahl des geschmolzenen Rohstoffes mittels Dampfs oder Luftdruck seitlich beaufschlagt werden und somit Fasern entstehen. Teilweise erfolgt auch ein kombinierter Einsatz von Schleuder- und Blasverfahren (Tietze, 2003, S. 63).

Durch die verschiedenen Verfahren und beispielsweise eine Steuerung der Geschwindigkeit können die Fasern zwischen 0,002 und 0,02 Millimetern erhitzt werden (Fouad, 2015, S. 80). Produktionsbedingt weisen Materialien aus Steinwolle eine geringere Dicke auf und Produkte aus Glaswolle bestehen üblicherweise aus längeren Fasern. Zusätzlich wird während dieses Prozessschrittes das Fasermaterial mit einem Wasser-Bindemittelgemisch benetzt. Das Bindemittel besteht typischerweise aus Phenol-Formaldehydharz (Pfundstein, Gellert, Spitzner, & Rudolphi, 2009, S. 21).

Anschließend werden die produzierten Fasern ausgerichtet und auf einem Fließband geschichtet. Durch eine Steuerung der Fließbandgeschwindigkeit kann die Materialdicke entsprechend beeinflusst werden, sodass anschließend ein Zuschnitt zum Erreichen einer bestimmten Materialdicke nicht notwendig wird. Um das Bindemittel zusätzlich noch aushärten zu lassen und somit eine Verbindung herzustellen, wird das Förderband durch einen Härteofen mit einer Temperatur von 200 bis 250 °C geleitet (IBO - Österreichisches Institut für Bauen und Ökologie (Hrsg.), 2017, S. 196).

Nach der erneuten Erhitzung erfolgt mitunter noch eine geringfügige Höhenanpassung gefolgt von dem eigentlichen Zuschnitt auf die gewünschte Breite und Länge, sodass für den Handel und die Verarbeiter einheitliche Platten bereitgestellt werden können. In Abhängigkeit vom jeweiligen Einsatzzweck werden die Mineralwolldämmstoffe bei Bedarf zusätzlich beispielsweise mit Aluminium oder einem Glasvlies kaschiert. Teilweise werden diese Dämmstoffe auch direkt auf Trockenbau- oder Trockenestrichplatten verklebt, sodass sich weitere verarbeitungsfreundliche Baustoffe ergeben. (DIN Deutsches Institut für Normung e. V., 2016, S. 71)

Neben der Produktion von Platten, werden häufig aus Mineralwolle auch aufgerollte Baustoffe oder Einblasmaterialien hergestellt. Typischerweise werden Produkte aus Mineralwolle im Bereich der Dachdämmung oder der Dämmung von Decken eingesetzt. Zunehmend erfolgt auch ein Einsatz zur Dämmung des Außenmauerwerks beispielsweise bei einer vorgehängten hinterlüfteten Fassade oder einem Wärmedämmverbundsystem (Fouad, 2015, S. 80).

Bei der Verarbeitung dieses Produktes kann üblicherweise bereits mit einer einfachen Handsäge oder einem sogenannten Dämmstoffmesser ein Zuschnitt erfolgen. Aufgrund der Beschaffenheit der Fasern wird von den Berufsgenossenschaften üblicherweise das Tragen von Schutzhandschuhen, Arbeitskleidung, Schutzbrille und bei Bedarf Atemschutzmasken empfohlen. Im Vergleich zu expandiertem Polystyrol (Grenztemperatur mit 150 bis 210 °C) liegen die Anwendungsmöglichkeiten Mineralwolle deutlich höher. Kurzzeitig können Glaswolle mit bis zu 550 °C und Steinwollprodukte mit 900 bis 1.000 °C beaufschlagt werden (Fouad, 2015, S. 80).

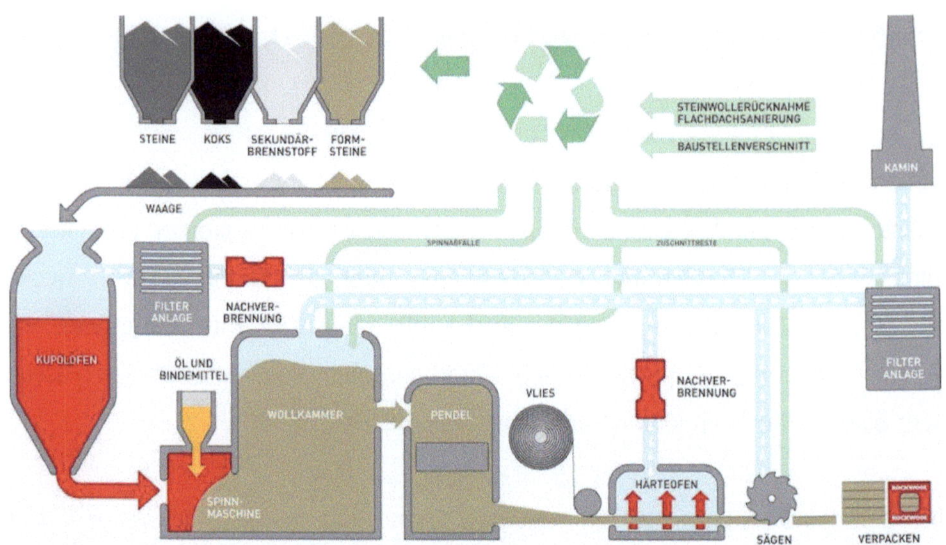

Abbildung 4: Herstellung von Steinwollprodukten (DEUTSCHE ROCKWOOL GmbH & Co. KG, 2017)

Bei der Produktion dieser Dämmstoffe ergibt sich ein erhöhter Energiebedarf, der entsprechend zu einer Freisetzung von Kohlendioxid führt. In Abhängigkeit von der Rohdichte und dem Endprodukt wird jetzt eine Energiemenge von 100 bis 450 kWh/m³ benötigt, wobei der Energiebedarf für die Produktion von Steinwolle geringfügig höher ausfällt als der Energiebedarf bei der Produktion von Glaswolle (Fouad, 2015, S. 80f).

Etwaige Abfallreste und produktionsbedingter Verschnitt können wiederum dem Produktionsprozess hinzugefügt werden. Dies gilt auch für nicht verunreinigtes Material, das bereits zuvor in Gebäuden verbaut worden ist. Somit ist grundsätzlich ein vergleichsweise gutes Recycling dieses Dämmmaterials möglich. Eine weitere Möglichkeit des Recyclings ist es alte Dämmwolle zu zermahlen und als Zuschlagstoff bei der Produktion von porösen Mauerwerksziegeln zu nutzen (IBO - Österreichisches Institut für Bauen und Ökologie (Hrsg.), 2017, S. 244).

Insbesondere jedoch bei alten Dämmstoffen aus Glaswolle, die vor einigen Jahrzehnten vertrieben worden sind, besteht die Gefahr von Augenreizungen und Reizungen der Schleimhäute. Daher ist bei einem Rückbau alter Glaswolle auf geeignete Schutzvorkehrungen wie beispielsweise Handschuhe, Mundschutz und Einwegoverall zu achten (Fouad, 2015, S. 80f).

4.4 EINBLASDÄMMUNG

Bei der sogenannten Einblasdämmung handelt es sich nicht um ein spezifisches Material zur Wärmedämmung von Gebäuden, sondern vielmehr um ein spezifisches Verfahren zur Wärmedämmung. Bei diesem Verfahren wird der Dämmstoff mittels Druckluft in den jeweiligen Bereich des Gebäudes eingebracht.

Aufgrund der Beschaffenheit kann der Dämmstoff in verschiedenen Bereichen wie beispielsweise im Bereich zwischen dicken Balken oder zwischen Dachsparren und auch nachträglich zwischen einem zweischaligen Mauerwerk eingebracht werden (Holzmann, Wangelin, & Bruns, 2012).

Wie bereits zuvor erwähnt existieren unterschiedliche Baustoffe, die mit diesem Verfahren in das jeweilige Gebäude eingebracht werden können. Hierbei kann es sich sowohl um natürliche, mineralische oder auch künstliche Produkte handeln. Häufig werden Baustoffe wie Holzfaser, Perlite, SLS20, Mineralwolle, Neptunballfasern, Steinwolle, Zellulose, Grasfasern aber auch Polystyrol und Polyurethan zur Gebäudedämmung im Einblasdämmverfahren genutzt (Institut für preisoptimierte energetische Gebäudemodernisierung GmbH, o. J., S. 1ff).

In Abhängigkeit vom gewählten Verfahren müssen bei Anwendung der Einblasdämmung grundlegende Aspekte zum Wärmeschutz, Feuchtechutz, Brandschutz und zur luftdichten Ausführung beachtet werden (IBO - Österreichisches Institut für Bauen und Ökologie (Hrsg.), 2017, S. 211). Hinsichtlich der Verarbeitung der Dämmstoffe existieren keine einheitlichen Vorgaben, sodass die Notwendigkeit besteht, die Herstellervorschriften vor der Verarbeitung einzusehen. Beispielsweise müssen unterschiedliche Einstellungen an den für die Einblasdämmung genutzten Maschinen in Abhängigkeit von Dämmstoff und Hersteller vorgenommen werden. Die bauaufsichtliche Zulassung des DIBt und die ETA-Zulassungen tragen dem Rechnung. Demnach müssen alle Verarbeiter, die diese Produkte verwenden, vom Hersteller gründlich geschult worden und in der Verwendung der jeweiligen Produkte unterwiesen worden sein.

Auch muss bei der Dämmung eine genaue Ermittlung des Dämmstoffbedarfs vorgenommen werden. Darüber hinaus ist stets eine Überprüfung während des Verarbeitungsprozesses vorzunehmen. Dies bedeutet, dass die eingelassene Menge mit dem Volumen und der berechneten Menge verglichen werden muss. Dabei muss auch die Verdichtung des Dämmstoffes entsprechend berücksichtigt werden (Venzemer, 2014, S. 112).

Nur, wenn die Ausführung gemäß den jeweiligen Herstellervorschriften durchgeführt wird, kann sichergestellt werden, dass nachträglich keine weitere Setzung des Dämmstoffes stattfindet und dementsprechend auch nachträglich keine Hohlstellen entstehen (Schuck, 2007, S. 151).

Das Verfahren der Einblasdämmung wird oftmals zur nachträglichen Gebäudedämmung eingesetzt. Aber auch bei der Dämmung von neuen Gebäuden ist der Einsatz grundsätzlich möglich. Es muss darauf geachtet werden, dass die vor Ort befindliche Konstruktion ausreichend stabil ist, um einerseits den Dämmstoff halten und andererseits dem Druck während des Einblasvorgangs standhalten zu können (Neimke & Erlenbeck, 2008, S. 124).

Für die Anwendung und Einbringung des Dämmstoffes stehen verschiedene Möglichkeiten zur Verfügung. Unter anderem werden verschiedene Düsen, Nadeln und Lanzen genutzt. Beispielsweise werden bei luftdichten Konstruktionen im

Holzrahmenbau üblicherweise sogenannte entlüftende Drehdüsen, die ein staubfreies und schnelles Befüllen der Konstruktion ermöglichen, eingesetzt. Dadurch, dass die überschüssige Luft unmittelbar über die in der Düse eingebauten Abluftlöcher entweichen kann oder eine aktive Absaugung der überschüssigen Luft stattfindet, ergibt sich für die örtliche Konstruktion auch keine erhöhte Druckbelastung (Weller & Horn, 2017, S. 118).

Eine weitere Möglichkeit, die im Holzrahmenbau genutzt wird ist wie bereits zuvor erwähnt die sogenannte Einblasnadel. Diese kann innerhalb des Hohlraums geschwenkt und gedreht werden. Dadurch ermöglicht diese Methode eine vergleichsweise flexible Befüllung von Wänden, Decken und Dachflächen. Zusätzlich wird meist ein so genannter Abdichtschwamm als Einblashilfe genutzt. Dieser soll einerseits verhindern, dass der Verarbeiter möglichen Stäuben ausgesetzt wird und andererseits verhindern, dass das Einblasmaterial ungewollt austritt (X-Floc Dämmtechnik-Maschinen GmbH , o. J.).

Einblaslanzen und Teleskoplanzen werden üblicherweise zur Befüllung von vorgefertigten und liegenden Elementen genutzt. Demnach ist dieser Einsatz meist im industriellen Bereich beziehungsweise bei der Herstellung von Fertighauselementen vorzufinden (X-Floc Dämmtechnik-Maschinen GmbH , o. J.).

Bei der nachträglichen Dämmung von Decken und Dachböden, bei denen auf der Oberseite keine Bodenkonstruktion verlegt ist, kann auch ein sogenanntes offenes Aufblasen der Dämmmaterialien erfolgen. Hierfür können die Flächen zunächst gesäubert und von etwaigen Fremdkörpern befreit werden, bevor eine Abschottung und Erschließung beispielsweise von Sparrenöffnungen und Einbautreppen erfolgt. Jedoch ist eine derartige Vorgehensweise, die zu einer Erhöhung der Gesamtkosten beiträgt, nicht zwangsweise notwendig. Anschließend kann der jeweilige Dämmstoff lose mittels Einblasmaschine aufgebracht werden. Eine weitere Behandlung ist meist nicht notwendig (Trauthwein, Volkenant, Wolff, & Goldmann, 2008, S. 55).

In Abhängigkeit vom jeweiligen Einsatzzweck kann es sich anbieten den Dämmstoff zusätzlich zu verdichten. Eine Verdichtung erfolgt insbesondere dann, wenn eine weitere Setzung vermieden werden soll. Darüber hinaus sorgt eine Verdichtung auch dafür, dass Spalten vollständig geschlossen werden und eine bestmögliche Effizienz und Effektivität der Wärmedämmung herbeigeführt wird (Weller & Horn, 2017, S. 121). Sofern der Dämmstoff offen aufgeblasen wird, muss eine Setzung des Dämmstoffes berücksichtigt werden. Beispielsweise wird für die Verarbeitung des Dämmstoffes Climacell eine Einbringung von 125% der geplanten Dämmstärke gefordert (Holz & Funktion AG, 2014).   Folglich muss bei einer geplanten Dämmstärke von 20 cm der Einblasdämmstoff in einer Stärke von 25 cm aufgeblasen werden.

Wie auch anhand der zuvor dargestellten Abbildung zu erkennen ist, können Einblasdämmstoffe an unterschiedlichen Stellen im Gebäude eingesetzt werden. Somit kennzeichnen sich derartige Dämmstoffe durch eine hohe Flexibilität und können darüber hinaus in kleineren Hohlräumen, die auf andere Art und Weise nicht oder nur mit einem unverhältnismäßig hohem Aufwand zugänglich sind gedämmt werden (Weller & Horn, 2017, S. 118). Neben den in der zuvor dargestellten Abbildung genannten Dämmstoffen können auch eine Vielzahl von weiteren Hohlräumen wie beispielsweise Schalltrennfugen von Doppel- und Reihenhäusern, belüftete Flachdächer bei Hochhäusern oder Dächer von Bungalows mit Einblasdämmstoff energetisch aufgewertet werden.

Bei der Nutzung von Einblasdämmstoff ist ebenfalls darauf zu achten, dass das jeweilige Produkt über eine Zulassung verfügt und gemäß den Angaben innerhalb der Zulassung verarbeitet wird. Bei der Verarbeitung muss entsprechend sichergestellt werden, dass die Verarbeitung nur durch ein autorisiertes und beim Deutschen Institut für Bautechnik registriertes Fachunternehmen durchgeführt wird (DEUTSCHE ROCKWOOL GmbH & Co. KG, 2017, S. 9). Nur wenn sämtliche

Voraussetzungen eingehalten werden, kann die Qualität der Dämmmaßnahme sichergestellt werden.

	DZ Zwischensparrendämmung, zweischaliges Dach und oberste Geschossdecke Beispiele: Einblasdämmung zwischen Sparren und Plattenverkleidung. Einblasdämmung zwischen Deckenbalken und unter nachfolgender, geschlossen ausgeführter Beplankung.
	DI Innendämmung des Daches oder der Decke, Dämmung unter den Sparren/Tragkonstruktion Beispiele: Einblasdämmung zwischen Trockenausbau. Aufblasdämmung zwischen Estrich-Tragkonstruktion der obersten Geschossdecke. Auf- und Einblasdämmung zwischen Deckenbalken auf Feuchtigkeits- und Dampfsperre. Dämmung unterhalb von Decken mit tragender Unterschale.
	DEO-dm Innendämmung der Decke oder Bodenplatte (unterseitig) unter Estrich ohne Schallschutzanforderungen. Beispiele: Aufblasdämmstoff zwischen Estrich-Tragkonstruktion auf Massivdecke. Auf- und Einblasdämmung zwischen Deckenbalken auf Feuchtigkeits- und Dampfsperre.
	DES-sg Innendämmung der Decke oder Bodenplatte (oberseitig) unter Estrich mit Schallschutzanforderungen. Beispiele: Auf- und Einblasdämmung zwischen Deckenbalken auf Feuchtigkeits- und Dampfsperre mit zusätzlicher Auflagerdämmung zwischen Deckenbalken und Estrich (z. B. mit Korkmatten oder Vliesen aus Flachs-, Hanf-, Kokosfasern u. Ä.). Aufblasdämmstoff zwischen Estrich-Tragkonstruktion auf Massivdecke mit zusätzlicher Auflagerdämmung zwischen Deckenbalken und Estrich.

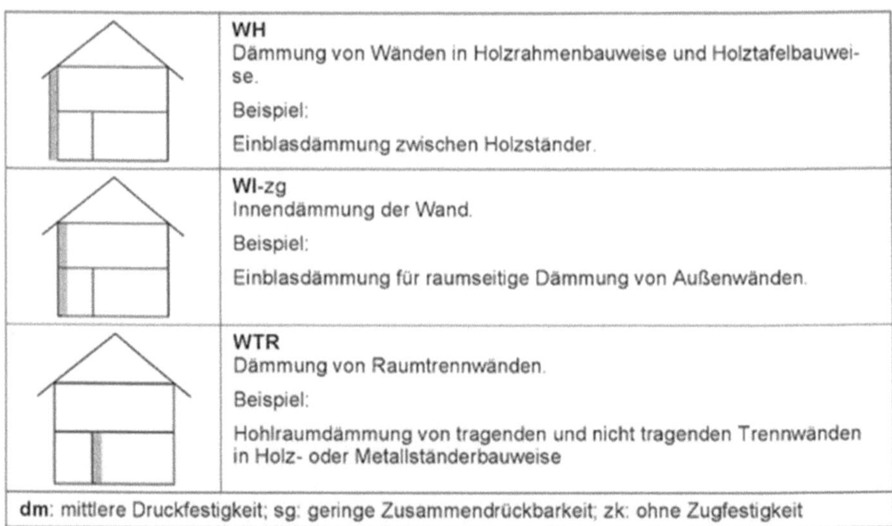

Abbildung 5: Anwendungstypen Einblasdämmung (Holzmann, Wangelin, & Bruns, 2012, S. 121f)

Anwendungsbereich	Produkt	Empfohlene Verarbeitung
Kerndämmung (zweischaliges Mauerwerk)	Fillrock KD	ohne zusätzliche Bindemittel
Dachschräge	Fillrock RG	
Geschlossene Kehlbalken	Fillrock RG	
Offene Kehlbalken	Fillrock RG	mit zusätzlichen Bindemitteln
Belüftetes Flchdach	Fillrock RG	
Abgehängte Konstruktion	Fillrock RG	
Gewölbte und geneigte Konstruktion	Fillrock RG	

Tabelle 3: Anwendungsbereiche Fillrock KD und Fillrock RG von ROCKWOOL (DEUTSCHE ROCKWOOL GmbH & Co. KG, 2017, S. 10)

Der eingesetzte Dämmstoff sollte dabei stets auf den jeweiligen Verwendungszweck abgestimmt werden. Gegebenenfalls müssen auch zusätzliche Bindemittel hinzugefügt werden, damit eine Stabilität des Produktes beziehungsweise einer Setzungssicherheit gewährleistet werden kann. Dies kann beispielsweise anhand der nachfolgenden Tabelle der Produkte Fillrock KD und Fillrock RG der Firma Rockwool verdeutlicht werden (DEUTSCHE ROCKWOOL GmbH & Co. KG, 2017, S. 10)

4.5   AUSGEWÄHLTE ÖKOLOGISCHE DÄMMSTOFFE ALS EINBLASDÄMMUNG

4.5.1 Holzfasern

Ein häufiger im Kontext der Einblasdämmung genutzter Rohstoff sind Holzfasern. Diese Holzfasern werden ihrerseits aus Resten der Holzindustrie wie beispielsweise dem Verschnitt von Sägewerken oder auch aus Waldhackresten hergestellt. Primär wird für diesen Dämmstoff auf Nadelholz mit einer langen Faserstruktur zurückgegriffen.

Oftmals werden derartige Holzreste auch zu Platten weiterverarbeitet, jedoch wird im Rahmen dieser wissenschaftlichen Arbeit nicht weiter auf die Erstellung von Dämmplatten aus Holz eingegangen. Der Vorteil dieses Dämmstoffes liegt darin, dass trotz einer geringen Rohdichte von 30 bis 60 kg/m³ ein hohes Maß an Setzungssicherheit vorhanden ist (Fouad, 2015, S. 70).

Auch, wenn es sich hierbei um einen natürlichen Baustoff handelt, wird auch über einen langen Zeitraum hinweg sichergestellt, dass keine Zersetzung dieses Werkstoffes stattfindet. Zeitgleich weist dieser Rohstoff eine diffusionsoffene und sorptionsfähige Struktur auf. Darüber hinaus bietet die Wärmespeicherfähigkeit die Möglichkeit einer thermischen Regulierung sowohl bei niedrigen als auch bei hohen Außentemperaturen (Steico, 2019, S. 3).

Die charakteristischen Eigenschaften dieses natürlichen Baustoffes führen auf der anderen Seite zu einer vergleichsweisen schlechten Einstufung im Bereich des Brandschutzes (Brandschutzklasse E gemäß DIN EN 13501-1). Somit ist dieser Werkstoff nicht für alle Zwecke geeignet (Steico, 2019, S. 4). Auf der anderen Seite bildet sich bei einer Brandbeaufschlagung eine Verkohlungsschicht, die zu einer Ausbremsung des Brandfortschrittes führen kann und somit einen gewissen Schutz der Baukonstruktion bietet (GUTEX Holzfaserplattenwerk, 2018, S. 5).

Auf der anderen Seite kann mit diesem Baustoff bei einer korrekten Ausführung eine gleichmäßige und wärmebrückenminimierte Dämmung hergestellt werden. Da es sich zudem um einen nachwachsenden Rohstoff handelt, können die ökologischen Eigenschaften als durchweg positiv bewertet werden. Dies bezieht sich im Weiteren auch auf eine mögliche Entsorgung einem späteren Zeitpunkt (GUTEX Holzfaserplattenwerk, 2018, S. 2).

Bei der Nutzung von Holzfasern als Baustoff in der Einblasdämmung muss sichergestellt werden, dass der notwendige Raum innerhalb der jeweiligen Baukonstruktion vorhanden ist. In Abhängigkeit vom jeweiligen Dämmstoffhersteller sind verschiedene Vorgaben zu beachten. Beispielsweise wird für den Dämmstoff GUTEX Thermofibre® eine Mindestgefachgröße von 15 cm Breite und 8 cm Tiefe empfohlen (GUTEX Holzfaserplattenwerk, 2018, S. 3).

Um die gewünschten Eigenschaften des Dämmstoffes beziehungsweise der Dämmung der jeweiligen Baukonstruktion zu erreichen, müssen die Vorgaben des jeweiligen Herstellers berücksichtigt werden. Nur so kann langfristig sichergestellt werden, dass das mit der Einblasdämmung verbundene Ziel auch erreicht werden kann.

4.5.2 Zellulose

Auch der Baustoff Zellulose eignet sich für eine nachträgliche Wärmedämmung in Form der Einblasdämmung. Dieser Dämmstoff wird dabei ebenfalls von verschiedenen Herstellern angeboten. Bei der Nutzung ist entsprechend die jeweilige Einbauvorschrift des jeweiligen Herstellers zu berücksichtigen, um die gewünschten Eigenschaften und Ziele zu erreichen.

Der Baustoff Zellulose ist im Vergleich zu anderen Baustoffen der preiswerteste Dämmstoff am Markt. Als nachteilig muss jedoch der vergleichsweise hohe Lambda Wert von 0,038 W/m²K hervorgehoben werden (Bauzentrum München, 2017, S. 20).

Dieser Baustoff kennzeichnet sich ebenfalls durch eine große Umweltfreundlichkeit aus. Denn die dafür notwendigen Zellulosefasern werden aus alten Tageszeitungen hergestellt. Somit müssen keine neuen Bäume gefällt werden, sondern es wird auf bestehende Ressourcen zurückgegriffen. Im Rahmen des Herstellungsprozesses wird das Papier grob aufgefasert und unter Zugabe von mineralischen Salzen in einer Mühle zermahlen. Daraus entstehen Zelluloseflocken, die aufgrund der Hinzugabe von Salzen verrottungssicher, widerstandsfähig gegen Schimmelpilze und Ungezieferbefall und darüber hinaus brandbeständig sind.

4.5.3 Stroh

Auch Stroh als landwirtschaftliches Nebenprodukt kann zur Dämmung von Gebäuden eingesetzt werden. Hierbei handelt es sich um einen Dämmstoff beziehungsweise um ein Produkt, das bereits über viele Jahrhunderte weg eingesetzt wird.

Auch beim Einsatz von Stroh als Dämmstoff existieren unterschiedliche Einsatzmöglichkeiten. Grundsätzlich besteht die Möglichkeit Stroh als lasttragendes

Element einzusetzen und somit ein Haus nahezu vollständig aus Strohballen zu errichten. Diese Vorgehensweise wird jedoch im Rahmen dieser wissenschaftlichen Arbeit nicht betrachtet (Holzmann, Wangelin, & Bruns, 2012, S. 234).

Sowohl im Neubau als auch bei nachträglichen Veränderungen an Gebäuden kann Stroh als Dämmung zwischen Wänden aus einer Holzständerbauweise eingesetzt werden. Üblicherweise wird das Material zusätzlich mit weiteren Baustoffen wie beispielsweise einer Schicht aus Putz vor Witterungseinflüssen geschützt. Somit kann ein Ergebnis erzielt werden, dass mit einer konventionellen Bauweise vergleichbar ist (Holzmann, Wangelin, & Bruns, 2012, S. 275).

Für die Dämmung von Gebäuden werden auch spezielle Dämmplatten aus Stroh hergestellt. Diese können in Form eines klassischen Wärmedämmverbundsystems verarbeitet werden. Damit dies möglich ist, werden diese Platten unter Zugabe von chemischen Zusätzen künstlich versteift, sodass die für ein Wärmedämmverbundsystem benötigte Festigkeit erreicht werden kann (maxit Baustoffwerke GmbH; Fanken Maxit Mauermötel GmbH & Co. , 2018).

Darüber hinaus kann Stroh auch als Dämmstoff im Einblasverfahren genutzt werden. Beispielsweise bietet die Firma DPM Holzdesign GmbH unter der Bezeichnung Iso-Stroh loses geschnittenes Weizenstroh an, dass über eine europäische technische Zulassung (ETA) verfügt und somit in Gebäuden eingesetzt werden darf. Dieses Material weist eine Wärmeleitfähigkeit von 0,043 Wm/K auf und ist gemäß europäischer Brandschutzklassifizierung in der Klasse E eingestuft. Im Vergleich zu anderen Dämmstoffen ergibt sich mit einer Dichte von rund 105 kg/m³ eine etwas höhere Belastung für das jeweilige Gebäude (DPM Holzdesign GmbH, 2017). Pro kg sind die Dämmstoffkosten mit denen der Zellulose gleichzusetzen, da aber ca. doppelt so viel eingesetzt werden muss, sind die m³-Kosten dieses Produktes doppelt so hoch.

4.5.4 Recycling-Produkte

Auch Recyclingmaterialien können zu einer Dämmung von Gebäuden eingesetzt werden. Unter anderem kann die zuvor dargestellte Zellulosedämmung aus Recyclingmaterialien hergestellt werden. Darüber hinaus können weitere Produkte recycelt und zu Dämmstoffen weiterverarbeitet werden. Als Beispiel hierfür kann das Produkt Supafil von Knauf Insulation genannt werden.

Bei dem Dämmstoff Supafil handelt es sich um eine Glaswolle, die aus bis zu 80% Altglas hergestellt wird. Aufgrund der Beschaffenheit und den eingesetzten Materialien bedarf es keinem Einsatz von zusätzlichen Bindemitteln und Flammenschutzmitteln. Demnach handelt es sich um einen vergleichsweise nachhaltig produzierten Dämmstoff. (Knauf Insulation GmbH, 2017, S. 4f)

Derartige Dämmstoffe eignen sich entsprechend auch für unterschiedliche Einsatzbereiche. Unter anderen kann dieser Dämmstoff zur nachträglichen Dämmung von zweischaligen Mauerwerken, zur Dämmung von Geschossdecken (sowohl im Bestandsgebäude als auch im Neubau) und in weiteren Hohlräumen von Wänden und Decken eingesetzt werden. Durch seine Beschaffenheit erfüllt der Dämmstoff auch Voraussetzungen im Bereich des Brandschutzes und kann somit auch für eine nachträgliche Ertüchtigung in diesem Bereich eingesetzt werden (Knauf Insulation GmbH, 2017, S. 8ff).

EINBLASDÄMMUNG ALS VERFAHREN ZUR NACHTRÄGLICHEN GEBÄUDEDÄMMUNG

Da der Ablauf der Einbringung von Einblasdämmstoffen bereits im vorherigen Abschnitt detailliert erläutert worden ist, wird nachfolgend primär auf die Aspekte der einzelnen Dämmstoffe eingegangen. Darüber hinaus wird innerhalb des Kapitels 5.2 auf bauteilspezifische Maßnahmen eingegangen.

Bei der Auswahl von Einblasdämmstoffen muss stets der Einsatzzweck geprüft werden. Hierzu ist gegebenenfalls auf die Informationen des Herstellers und die bauaufsichtliche Zulassung zurückzugreifen, um eine fehlerhafte Auswahl von Dämmstoffen zu vermeiden (Pfundstein, Gellert, Spitzner, & Rudolphi, 2009, S. 50ff).

Im Allgemeinen kann hierbei abgeleitet werden, dass, je geringer die mögliche Dämmstärke ist, desto besser müssen die Eigenschaften des jeweiligen Dämmstoffs sein. Denn durch einen niedrigeren Wärmeleitwert kann auch bei geringen Dämmstoffstärken ein bestmögliches Ergebnis erzielt werden (Neimke & Erlenbeck, 2008, S. 119). Dabei muss jedoch berücksichtigt werden, dass Dämmstoffe mit einer niedrigen Wärmeleitfähigkeit üblicherweise zu höheren Anschaffungskosten führen, wobei der gesamte Amortisationszeitraum betrachtet werden muss (Epinatjeff & Weidlich, 1986, S. 198).

5.1   DÄMMUNG DER OBERSTEN GESCHOSSDECKE

Bei der Dämmung von Decken, insbesondere der obersten Geschossdecke ist zunächst dahingehend zu unterscheiden, um welche Art von Decken es sich handelt beziehungsweise welche Baustoffe dort bereits genutzt worden sind. Denn hierbei können entsprechend unterschiedliche Maßnahmen sinnvoll sein.

Durch die Energieeinsparverordnung wird darauf verwiesen, dass eine nachträgliche Dämmung der obersten Geschossdecke bei vermieteten Häusern mit mehr als zwei Wohneinheiten notwendig ist. In diesem Kontext wird ein Wärmedurchgangskoeffizienten von 0,24 W/m²K beziehungsweise die vollständige Erfüllung von Hohlschichten gefordert (Onischke & Spöth, 2010, S. 109).

Jedoch existieren in diesem Zusammenhang wiederum gewisse Ausnahmen in den gesetzlichen Vorgaben. Insbesondere muss eine nachträgliche Dämmung dann nicht ausgeführt werden, wenn der Aspekt der Wirtschaftlichkeit nicht erfüllt wird (Krimmling, 2018, S. 32ff) (Färber, 2013, S. 21). Hierzu existieren jedoch keine genauen Vorgaben, wann eine derartige Maßnahme als unwirtschaftlich einzustufen ist.

Die nachträgliche Dämmung im Einblasverfahren wird insbesondere davon beeinflusst, zu welchem Zweck der darüberliegende Raum genutzt werden soll. Ein weiterer wichtiger Faktor ist, dass Durchdringungen luftdicht verschlossen werden müssen (Weglage, 2010, S. 185) und angrenzend an Schornsteine ein Bereich mit nicht brennbaren Dämmmaterialien den Brandschutz sicherstellen muss (Usemann, 2005, S. 159).

Sofern die Decke lediglich einen Abschluss zu den darunterliegenden Gebäudeteilen bilden soll und eine Nutzung des Dachbodens nicht vorgesehen ist, kann eine sogenannte Aufblasdämmung erfolgen (Holzmann, Wangelin, & Bruns, 2012, S. 121). Bei diesem Verfahren werden die Baustoffe mittels spezieller Maschinen in den Dachraum gefördert und anschließend dort verteilt. In Abhängigkeit vom jeweiligen Material wird wie beispielsweise bei Zellulose die Dämmung zunächst angefeuchtet, sodass bei der Verteilung eine Verbindung zwischen den einzelnen Flocken hergestellt werden kann (Neroth & Vollenschaar, 2011, S. 1152).

Abbildung 6: Dämmung des Hohlraums bei Kehlbalkenlagen mit einem Einblasdämmstoff (Paschko, Mehr als Mindestwärmeschutz: Nachträgliche Dämmung oberster Geschossdecken, 2018, S. 35)

Auch können bei diesem Verfahren bestehende Hohlräume genutzt werden. Insbesondere bei älteren Gebäuden mit Holzbalkendecken beziehungsweise

Kehlbalkenlage existieren bereits Hohlräume, die hierfür genutzt werden können. Dafür muss zunächst die Lage der Hohlräume ermittelt werden, bevor im Anschluss eine entsprechende Anzahl von Öffnungen geschaffen werden, durch die der Dämmstoff eingeblasen werden kann (Weller & Scheuring, 2018, S. 140).

Dieses Verfahren ist bereits ab einer Hohlschichtstärke von rund 4 cm möglich. Alternativ zur Entfernung von Bodendielen (vgl. Abbildung Nr.7) können auch Einfüllöffnungen in Form von Löchern in die Dielenbretter gebohrt werden. Bei der Dämmung der obersten Geschossdecke muss entsprechend berücksichtigt werden, dass eine auf die Decke aufgelegte Dämmung nur dann ihre vollständige Wirkung entfalten kann, wenn die Hohlräume vollständig verfüllt werden (Hans Hiltscher Einblasdämmung, o. J.).

Sofern in der Konstruktion kein Hohlraum vorhanden ist, jedoch der Dachboden weiterhin begehbar und beispielsweise als Abstellfläche genutzt werden soll, besteht die Möglichkeit, einen zusätzlichen Hohlraum zu schaffen. Hierfür besteht einerseits die Möglichkeit unterhalb der Deckenkonstruktion eine zusätzliche Konstruktion beispielsweise aus Trockenbauplatten einzuziehen (Holzmann, Wangelin, & Bruns, 2012, S. 121). Dies ist jedoch mit einem hohen Aufwand verbunden und wirkt sich negativ auf die darunterliegende Raumhöhe aus.

Eine weitere Möglichkeit ist es, oberhalb der bestehenden Deckenkonstruktion eine weitere Konstruktion einzuziehen. Hierfür eignet sich eine sogenannte Dämmhülsenkonstruktion, um vergleichsweise kostengünstig eine Begehbarkeit herzustellen. Hierfür werden zunächst Dämmhülsen aus Pappe aufgestellt und mit Dämmstoff verfüllt. Auf diese Dämmhülsen werden anschließend Holzplatten aufgelegt. Hierdurch wird einerseits eine Basis für die Begehbarkeit geschaffen, andererseits dient dieser zeitgleich als Hohlraum für das Dämmmaterial (Weller & Scheuring, 2018, S. 140).

In diesem neuen Hohlraum kann entsprechend ein Dämmstoff der Wahl eingeblasen werden. In Abhängigkeit von den räumlichen Voraussetzungen kann hierbei auch ein vergleichsweiser kostengünstiger Dämmstoff eingesetzt werden, wenn die Höhe des Aufbaus von untergeordneter Bedeutung ist. Somit eignen sich hierbei auch Dämmstoffe mit einer Wärmeleitfähigkeit von 0,040 – 0,035 W/m²K. Die günstigste Möglichkeit bietet hierbei der Einsatz von Zellulose ,jedoch kann beispielsweise bei erhöhten Anforderungen an den Brandschutz auch eine Mineralfaser als Dämmstoff genutzt werden (Paschko, Mehr als Mindestwärmeschutz: Nachträgliche Dämmung oberster Geschossdecken, 2018, S. 35).

Aufgrund der baulichen Gegebenheiten, insbesondere dann, wenn eine Dämmhülsenkonstruktion genutzt oder der Dämmstoff offen aufgeblasen wird, sollte überprüft werden, ob der Fokus tatsächlich lediglich auf die Mindestanforderungen der Energieeinsparverordnung gelegt werden sollte. Denn um einen Passivhaus Standard mit 0,1 W/m²K zu erreichen ist lediglich ein vergleichsweise geringfügig erhöhter Aufbau notwendig, sodass bei einem Aufbau von rund 36 cm dieser Standard bereits mit Kosten pro Quadratmeter von 19,50 € (bei einer nicht begehbaren Konstruktion) und rund 40-45 € (bei einer begehbaren Konstruktion) erreicht werden kann.

Alternativ zu den Papphülsen bieten andere Hersteller auch die Nutzung von Holzkreuzen, auf die zunächst eine Dachlatte aufgelegt und auf diese wiederum eine Holzplatte verlegt wird. Dieses System bietet ebenfalls die Möglichkeit nachträglich einen Hohlraum für die Einbringung von Einblasdämmung zu schaffen (Hans Hiltscher Einblasdämmung, o. J.).

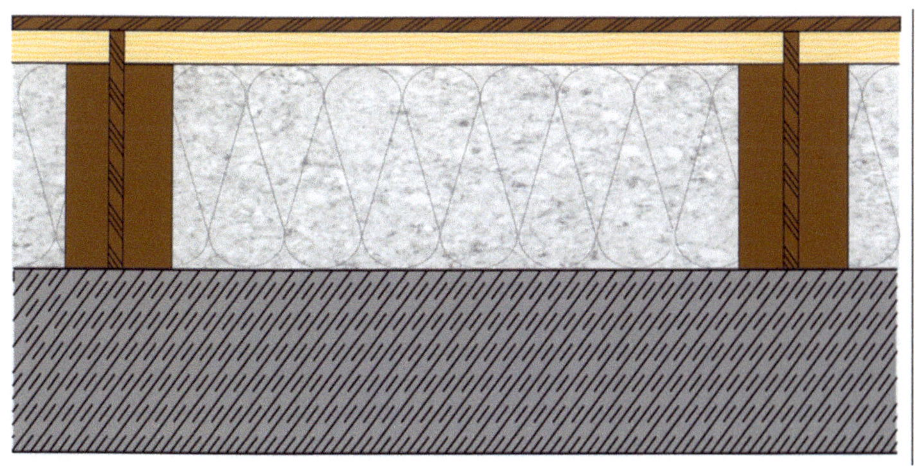

Abbildung 7: Schematischer Aufbau einer Aufständerung mittels Holzkreuzen, Dachlatten und Holzplatten (Hans Hiltscher Einblasdämmung, o. J.)

Sobald eine Decke im Dachraum gedämmt wird, muss überprüft werden, ob weitere Hohlräume vorhanden sind, die ebenfalls zeitgleich gedämmt werden sollten um etwaige negative Auswirkungen, insbesondere auch der Entstehung von Wärmebrücken vorzubeugen. Insbesondere ist hierbei der Drempel zu nennen, der eine Verbindung zwischen Außenluft und der innenliegenden Decke bildet. Oftmals kann dieser auch mittels Einblasdämmstoff verfüllt werden (Paschko & Paschko, 2013, S. 31).

Ähnliches gilt für Dachschrägen, bei der ein Zwischenraum an der Kehlbalkenlage vorhanden ist. Hierbei kann insbesondere dann, wenn eine Unterdeckbahn nicht vorhanden ist, das sogenannte Dämmsack-Verfahren eingesetzt werden. Hierbei handelt es sich um einen speziellen Sack, der für eine derartige Einbausituation hergestellt wird. Um eine bestmögliche Wirkung zu erzielen ist dieser aus speziellen Materialien hergestellt, sodass auf der Unterseite des Dämmsacks eine dampfbremsende Wirkung vorhanden ist und die Oberseite diffusionsoffen ausgebildet ist.

Abbildung 8: Gefüllter Dämmsack mit Abstandslatte (Paschko & Paschko, 2013, S. 31)

Nachdem der Dämmsack in den Sparrenzwischenraum eingelegt worden ist wird zusätzlich an der Außenseite noch eine Abstandslatte angebracht, um eine Hinterlüftung weiterhin zu gewährleisten. Anschließend erfolgt eine Befüllung mit dem gleichen Dämmstoff, der auch für die Dämmung der Kehlbalkenlage genutzt wird (Paschko & Paschko, 2013, S. 31).

Handelt es sich hingegen um eine massive Geschossdeckung, die aus Beton hergestellt wird, ist eine Einblasdämmung in einen Hohlraum nicht möglich. Dennoch besteht auch hierbei die Möglichkeit, einen künstlichen Hohlraum wie zuvor dargestellt mit einer Stelzenkonstruktion und aufliegenden Holzplatten zu erzeugen. Darüber hinaus besteht die Möglichkeit, sofern der Dachraum nicht genutzt werden soll, den Dämmstoff offen aufzublasen. Hierbei müssen jedoch oftmals auch Laufstege installiert werden, damit beispielsweise ein Zugang für Wartungsarbeiten oder den Schornsteinfeger gewährleistet werden kann (Paschko & Paschko, 2013, S. 34).

5.2 DÄMMUNG DER AUßENWÄNDE

Ein weiterer wichtiger Faktor bei der Dämmung von Gebäuden stellt die Außenwände des jeweiligen Gebäudes dar. Dies gilt insbesondere für Gebäude, die in einer exponierten Lage liegen beziehungsweise für freistehende Gebäude. Denn je mehr Wände einen unmittelbaren Kontakt zur Außenluft haben, desto größer ist auch der Wärmeverlust über die Wandflächen. Darüber hinaus trägt eine Dämmung der Außenwände bei korrekter Ausführung zu einer Minimierung des Wärmebrückenverlustes bei (Ragonesi, et al., 2016, S. 336) und kann zur Vermeidung von Schimmelbildung in den Innenräumen eingesetzt werden (Falk & Aschenbrenner, 2009, S. 58).

Bei Außenwänden ist im Allgemeinen zwischen monolithischen Wandkonstruktionen und einem sogenannten zweischaligen Mauerwerk zu unterscheiden. Bei zweischaligem Mauerwerk zwischen dem innenliegenden Mauerwerk und dem außenliegenden Mauerwerk befindet sich eine Luftschicht. Die Außenseite kann dabei in Form einer verputzten Außenschale, einem Klinkermauerwerk oder einer vorgehängten Plattenkonstruktion bestehen (Venzemer, 2014, S. 210).

Bei einer nachträglichen Dämmung besteht die Notwendigkeit entweder die Außenschale vollständig zu entfernen und eine Dämmung auf die Außenseite der Innenschale anzubringen oder zunächst den Hohlraum aufzufüllen. Wird beispielsweise ein Wärmedämmverbundsystem auf die Außenschale aufgebracht, ohne den hinterlüfteten Hohlraum zu dämmen, weiß das Wärmedämmverbundsystem nahezu keine Funktion auf und die gewünschte Wärmedämmwirkung wird nicht erreicht.

Daher gibt es insbesondere in Regionen, in denen Gebäude mit einem zweischaligen Mauerwerk errichtet worden sind zu überprüfen, ob und in welcher Stärke ein Hohlraum vorhanden ist. Anschließend können geeignete Dämmmaßnahmen geplant werden (Fischer, et al., 2008, S. 153). Mittels Einblasdämmung besteht die Möglichkeit diesen Hohlraum mit feuchtresistenten, hydrophoben Dämmstoffen aufzufüllen (Stahr & Hinz, 2011, S. 154ff). Derartige Maßnahmen dürfen dabei nur von geschultem Fachpersonal und zertifizierten Unternehmen durchgeführt werden (Ecofibre Dämmstoffe GmbH, 2019).

Darüber hinaus muss gewährleistet sein, dass durch das außenliegende Mauerwerk eine ausreichende Schlagregendichtheit vorhanden ist (Venzemer, 2014, S. 112). Dennoch muss auch eine gewisse Diffusionsoffenheit des außenliegenden Mauerwerks vorhanden sein, um einen etwaigen Feuchteeintrag über die Diffusion aus der Dämmung nach außen abzuleiten (Rauch, 2011, S. 8).

Für eine derartige Gebäudedämmung, die sowohl im Rahmen von Neubauvorhaben als auch im Rahmen einer nachträglichen Dämmung vorgenommen werden kann eignen sich unterschiedliche Einblasdämmstoffe. Diese können in die Kategorien fasrige Materialien wie Mineralwolle, rieselfähige Materialien wie beispielsweise Polystyrol oder Blähperlit sowie in die Kategorie Ortschäme (Polyurethan) eingestuft werden und weisen ihrerseits unterschiedliche Dämmwerte auf (Wigger, Stölken, & Schreiber, 2012, S. 5ff).

Bevor der jeweilige Dämmstoff in das Gebäude eingebracht wird, müssen in Abhängigkeit vom jeweiligen Dämmstoff vorhandene Öffnungen verschlossen werden. Hierdurch soll sichergestellt werden, dass es an diesen Stellen zu keinem Austritt des Dämmstoffes kommen.

5.3 DÄMMUNG DES FUßBODENS IM ERDGESCHOSS (KELLERDECKE)

Insbesondere bei unterkellerten Gebäuden besteht die Problematik, dass an der Kellerdecke Wasserleitungen, Abwasserrohre und andere Installationen vorzufinden sind. Dies erschwert eine nachträgliche Dämmung der Kellerdecke von unten deutlich und führt dazu, dass entweder die Installationsleitungen vor Durchführung der Maßnahme entfernt werden oder ob die entsprechenden Bereiche aus dem Dämmstoff ausgeklinkt werden müssen (Joos, 2004, S. 85f) (Weller, Fahrion, & Jakubetz, 2012, S. 234).

Dementsprechend ist es nicht sinnvoll, eine derartige Maßnahme, ohne die Montage der Installationsleitungen vorzunehmen. Stattdessen muss auf andere Möglichkeiten zurückgegriffen werden. Bei älteren Gebäuden, bei denen eine Holzbalkenkonstruktion vorhanden ist, existiert vergleichsweise zur oberen Geschossdecke ein Hohlraum im Fußboden des Erdgeschosses (Drusche, 2004, S. 63). Mitunter im Erdgeschoss auch ein Holzdielenfußboden, der auf Kanthölzer gelagert ist, sodass dort ebenfalls ein Hohlraum vorzufinden ist.

Ein derartiger Hohlraum lässt sich ebenfalls mit geeigneten Dämmstoffen auffüllen. In Abhängigkeit von der Höhe des verfügbaren Hohlraums muss ein hierfür geeigneter Dämmstoff ausgewählt werden. Wird eine Höhe von 6 cm unterschritten, kann als Dämmstoff nur EPS-Granulat eingesetzt werden, bei größeren Hohlräumen eignen sich auch anderweitige Materialien (Paschko & Paschko, 2013, S. 34).

In Abhängigkeit von der jeweiligen Einbausituation sollte die Verfüllung der Hohlräume gründlich geplant werden. Handelt es sich beispielsweise um einen sichtbaren Parkettboden, sollten nach Möglichkeit keine Löcher als Einblasöffnungen von oben gebohrt werden. Entweder müssen hierfür einzelne Dielenbretter entfernt werden oder wenn möglich kann auch eine Verfüllung des Hohlraums von unten durch Löcher, die durch die Kellerdecke in den Hohlraum gebohrt werden, erfolgen.

Auch bei vorhandenen Holzdielen beziehungsweise Parkettböden muss berücksichtigt werden, dass diese nicht vollständig dicht sind und somit gewisse Spalten zwischen den einzelnen Dielen vorhanden sind. Somit kann es während des Einblasvorgangs zu einem geringen Austritt von Dämmstoff oder Stäuben kommen. Zudem muss während des Einblasvorgangs sichergestellt werden, dass es zu keiner Bildung von Wärmebrücken kommt (Oerzen, 2014, S. 85f). Anderenfalls könnte hierdurch die Bildung von Tauwasser, Schimmel und anderen schädlichen Pilzen und Organismen kommen (Tewinkel, 2016, S. 39).

Insbesondere sogenannte Tonnendecken können ebenfalls eine gewisse Herausforderung darstellen. Denn aufgrund ihrer gewölbeartigen Beschaffenheit würde sich bei einer Erschließung von der Unterseite die Problematik ergeben, dass in der Mitte eine sehr starke Wärmedämmung und an den Rändern des Gewölbes nur eine sehr geringe bis keine Wärmedämmung vorhanden ist. Somit stößt hierbei die klassische Einlassdämmung an ihre Grenzen.

Um dieser Problematik zu entgehen existiert die sogenannte Sprühklebetechnik. Mittels dieser Technik ist es möglich bei Neigungen bis zu 80 % den Dämmstoff unter Zugabe von Kleber fugenlos und gleichmäßig aufzubringen und somit eine möglichst optimale Wärmedämmung zu gewährleisten. Hierbei wird der Dämmstoff schichtweise auf das jeweilige Bauteil bis zu einer Stärke von maximal 20 cm aufgesprüht. Zum Abschluss erfolgt noch eine Benetzung des Dämmstoffes mit einer dünnen Klebeschicht, sodass eine Verfestigung der Oberfläche erreicht werden kann (DEUTSCHE ROCKWOOL GmbH & Co. KG, 2017, S. 17).

Abbildung 9: Nutzung der Einblasdämmung in der Sprühklebetechnik (DEUTSCHE ROCKWOOL GmbH & Co. KG, 2017, S. 17).

6

KOSTEN-NUTZEN-ANALYSE

6.1 KOSTEN DER NACHTRÄGLICHEN GEBÄUDEDÄMMUNG (WIRTSCHAFTLICHE BETRACHTUNG)

Die unterschiedlichen Methoden der Gebäudedämmung führen entsprechend zu unterschiedlichen Kosten. Die dabei entstehenden Kosten müssen entsprechend in Relation zur eingesparten Energie gestellt werden, um die Amortisationsdauer berechnen. Darüber hinaus muss auch eine Kostensteigerung für die Energieträger bei der Berechnung der Amortisationsdauer mitberücksichtigt werden.

Ein wichtiger Faktor ist hier wohl auch, ob lediglich der durch die Energieeinsparverordnung geforderte Mindestwärmeschutz umgesetzt wird oder ob darüber hinaus eine stärkere Dämmung eingebracht wird. Bei einem Mindestwärmeschutz von 0,91 W/m²K als Ausgangsbasis und einem Vergleich zur Wärmedämmung auf den Standard der Energieeinsparverordnung und den Passivhaus Standard ergeben sich die nachfolgend dargestellten Wärmekosten und Gesamtkosten (vgl. Abbildung Nr. 11) (Paschko, 2018, S. 34).

Anhand der Grafik ist zu erkennen, dass sich bereits in den ersten Jahren Kostenvorteile ergeben, die innerhalb eines Zeitraums von zehn Jahren auf ihr volles Niveau anwachsen. Hierdurch kann bereits eine Reduktion der Kosten der Wärmeerzeugung um einen Faktor von 3,4 erfolgen. Wie anhand der Grafik zu erkennen ist, sind die Investitionskosten bei einer Dämmung auf Passivhausstandard zwar höher, bezogen auf die Gesamt-Lebensdauer des Dämmverfahrens von mindestens 30 Jahren sind jedoch die kumulierten Rest-Energiekosten niedriger als die Zusatz-Investitionskosten. Denn hierbei fallen die Kosten für die Wärmeerzeugung noch einmal geringer aus als bei einer reinen Dämmung auf den Standard der Energieeinsparverordnung. Dies führt im Vergleich zu dem Bestand mit einem Wärmedurchgangskoeffizienten von 0,91 W/m²K zu einer Kostenreduktion mit einem Faktor von 8,3 (Paschko, 2018, S. 35f).

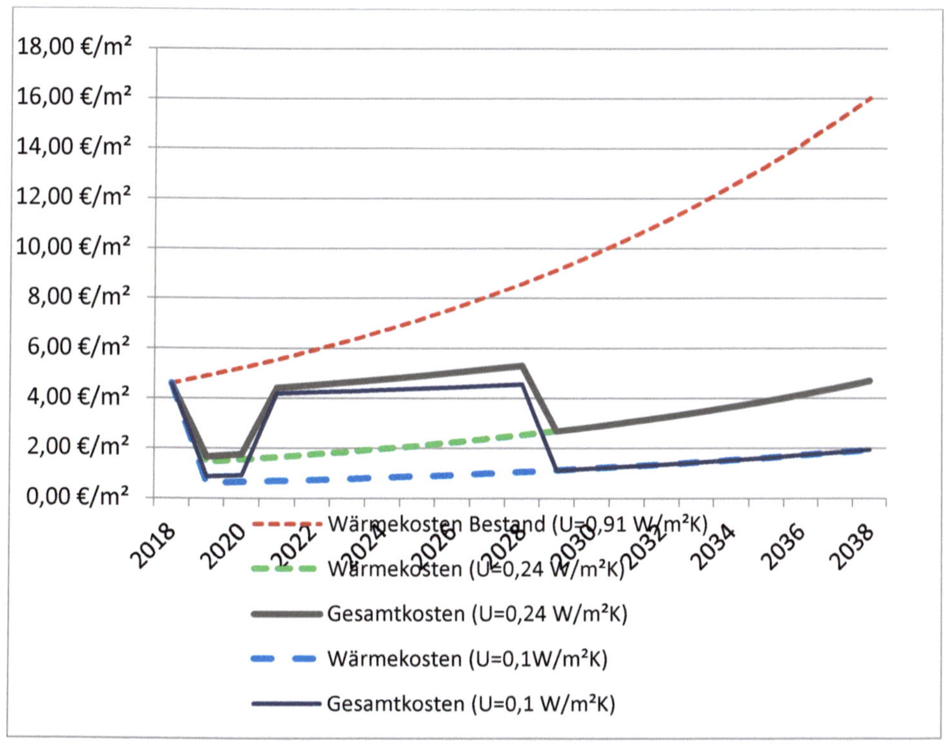

Abbildung 10: Kostenentwicklung für 20 Jahre ohne Dämmung und mit Dämmung (begehbar) zum Erreichen der EnEV- Anforderungen (U=0,24 W/m²K) und Passivhausstandard (U=0,1 W/m²K) (Paschko, 2018, S. 36)

Anhand der zuvor dargestellten Abbildung ist im Weiteren auch zu erkennen, dass eine Dämmung, die über den durch die Energieeinsparverordnung geforderten

Standards hinausgeht, bereits innerhalb von weniger als zehn Jahren rentabel ist. Wird eine Dämmung gemäß dem Standard der Energieeinsparverordnung ausgeführt, kann im Zeitraum von zehn Jahren eine Kostenreduktion von 36 % herbeigeführt werden. Bei einer Reduktion auf den Passivhausstandard kann sogar eine Reduktion um 44 % erzielt werden (Paschko, 2018, S. 36).

Erfolgt eine Betrachtung auf einen Zeitraum von 20 Jahren sind hierbei deutlich größere Unterschiede festzustellen. Im Vergleich zu einer ungedämmten Gebäudedecke kann unter Berücksichtigung des Standards der Energieeinsparverordnung eine Reduktion der Wärmekosten von 60 % und bei einer Dämmung auf Passivhausniveau eine Reduktion von 75 % erreicht werden (Paschko, 2018, S. 36).

6.1.1 Musterbeispiel: Nachträgliche Kerndämmung eines zweischaligen Mauerwerks

Die Wirtschaftlichkeit einer nachträglichen Kerndämmung in einem zweischaligen Mauerwerk kann anhand des nachfolgenden Beispiels verdeutlicht werden. Angenommen wird eine Luftschicht von 6 Zentimetern, die mit Kauf Supafil befüllt wird. Als Basis für die Berechnung werden die Gradtagszahlen der Wetterstation Düsseldorf genutzt. Diese Daten wurden durch das Institut für Wohnen und Umwelt bereitgestellt (Datenbasis: Deutscher Wetterdienst) (Institut Wohnen und Umwelt GmbH, 2019). Als Heizkosten werden 7,06 ct je kWh Erdgas angenommen (Deutsche Energie-Agentur, 2016).

	Rechenwerte	ohne Dämmung	mit Dämmung	*Reduktion*
		1,5 Putz 17,5 cm Ziegel 6 cm Luft Ziegel	1,5 Putz 17,5 cm Ziegel 6 cm Supafil (KNAUF) Ziegel	
u-Wert der Konstruktion		1,400	0,410	**0,99**
Gradtagszahl	2.852,00 Kd/a			
Wärmebedarf der gedämmten Fläche		95,83	28,06	**67,76**
Gesamt-Wirkungsgrad der Heizanlage	85,00 %			
Heizenergieverbrauch in kWh/m²a		112,74	33,02	**79,72**

gedämmte Wandfläche	150,00	m²
Energieverbrauch in kWh/a		
Anfangs-Kosten Energie in €/kWh	0,071	
Heizkosten in €/a		
Kosten der Dämmung (incl. MWSt.)	€ 2.677,50	
CO_2-Emission	0,26	kg/kWh
CO_2-Reduktion Bauteil/Jahr in kg		

16.910,68	4.952,41		**11.958,27**
			Heizkostenersparnis p. A.
€ 1.193,89	€ 349,64		**€ 844,25**
4.396,78	1.287,63		**3.109,15**
Verzinsung des eingesetzten Kapitals			**32 %**

Eingabefelder:

m² gedämmte Fläche	150
Netto-Preis pro m³	€ 250,00
MwSt.	0,19
Brutto-Preis pro m³	€ 297,50
Dämmstärke in m	0,06
Preis pro m²	€ 17,85
Heizkosten in € pro kWh	0,0706

Ausgabefelder:

Heizkostenersparnis pro Jahr in € (Bauteil)	844,25
CO2-Einsparung pro Jahr in Tonnen	3,11
Amortisationszeit in Jahren	3,2
Verbesserung Wärmeschutz in %	71
Heizkosteneinsparung pro m² und Jahr	5,63
CO2-Einsparung in kg pro m² und Jahr	21

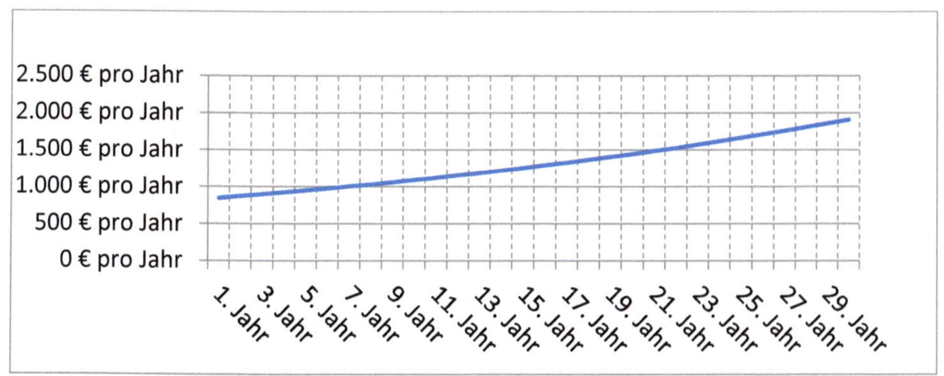

Abbildung 11: Wärmekostenentwicklung über 30 Jahre bei einer durchschnittlichen Energiepreisinflation (Durchschnittswert Baden-Württemberg 1996 bis 2013) Datenquelle: (Statistisches Landesamt Baden-Württemberg, 2019)

Anhand des Beispiels ist zu erkennen, dass durch eine nachträgliche Dämmung eines zweischaligen Mauerwerks, das lediglich eine Luftschicht von 6 cm aufweist, eine deutliche Energieeinsparung erzielt werden kann.

Hierbei wurde die aktuell vergleichsweise niedrige Energiepreisinflation zugrunde gelegt. Wird hingegen davon ausgegangen, dass die Preise für fossile Energieträger bis zum Jahre 2050 deutlich stärker ansteigen als im Beispiel verdeutlicht, führt dies dazu, dass die Amortisationsdauer deutlich absinken wird. Insgesamt ist anhand dieses Beispiels zu erkennen, dass auch minimalinvasive Maßnahmen der nachträglichen Gebäudedämmung einen großen Nutzen haben können.

6.1.2 Auswertung nachträgliche Gebäudedämmung

Im Rahmen dieser wissenschaftlichen Arbeit wurden die Daten von insgesamt 1.540 Bauvorhaben ausgewertet. Die zugrunde gelegten Daten wurden durch das Institut für preisoptimierte energetische Gebäudemodernisierung GmbH, Paderborn erhoben und bereitgestellt. Die erhobenen Daten beziehen sich auf einen Zeitraum von 2006 bis 2012 und resultieren aus verschiedenen Verfahren der energetischen Gebäudemodernisierung mittels Einblasdämmung ab. Unter der Stichprobe befinden sich die nachfolgenden Dämmmaßnahmen:

Art der nachträglichen Gebäudedämmung mittels Einblasdämmung (mehrfachmaßnahmen im Gebäude möglich)	Anzahl (n)	
Kerndämmung (SLS)	254	
Kerndämmung (Polystyrol)	530	
Kerndämmung (Rathipur)	15	
Kerndämmung (Nanogel)	15	
Kerndämmung (gesamt)		818
Dachdämmung mit Zellulose		64
Dachdämmung im Dämmsackverfahren (Zellulose)		198
Flachdachdämmung mit Faserdämmstoff		28
Zellulose offen aufgeblasen auf die oberste Geschossdecke		303
Kehlbalkenlage		221
Oberste Geschossdecke Dämmhülsenkonstruktion		212
Innendämmung		57
Kellerdecke (Beton)		116
Kellerdecke (Holzbalkenlage)		81
Gesamtzahl Bauvorhaben		**1540**

Tabelle 5: Übersicht Datenbasis

Basis für die nachfolgenden Auswertungen bilden die folgenden Rahmendaten unter Berücksichtigung des Referenzortes Düsseldorf. Die klimatischen Daten wurden aus der durch das Institut Wohnen und Umwelt bereitgestellten Gradtagszahlen für Deutschland entnommen (Institut Wohnen und Umwelt GmbH, 2019). Angenommen werden Wärmekosten in Höhe von 8,4 ct/kWh (Deutsche Energie-Agentur, 2016) sowie eine moderate Heizkosteninflation von 2,86% (Statistisches Landesamt Baden-Württemberg, 2019).

Rahmendaten	Referenzort Düsseldorf
Heiztage	257 d
Mittlere Außentemperatur	10,7 °C
Mittlere Außentemperatur Heizperiode	7,4 °C
Innentemperatur	20,0 °C
Gradtagszahl	3.238 Kd
Gradtagszahlfaktor fGT	77,72 kKh/a
Anlagennutzungsgrad	85%
Mittlere Brutto-Wärmekosten	0,0840 €
Mittlerer CO2-Ausstoß	0,282 kg/kWh
Heizkosteninflation	2,86%
Kapitalzinsen	2,50%

Tabelle 6: Rahmendaten der Auswertung nachträglicher Gebäudedämmung mittels Einblasdämmung

6.1.2.1 Dämmung der obersten Geschossdecke

Eine der häufig durchgeführten Maßnahmen der nachträglichen Wärmedämmung, ist wie bereits zuvor erwähnt die nachträgliche Dämmung der obersten Geschossdecke. Diese kann unabhängig davon erfolgen, ob bereits eine geringfügige Dämmung oder noch keine Dämmung vorhanden ist.

Anhand der nachfolgenden Auswertung von insgesamt 736 Bauvorhaben mit einer Gesamtfläche von 104.479 m² ist eine deutliche Energieeinsparung zu erkennen. Hierbei wurde unter Berücksichtigung der praktischen Erfahrungen der Verarbeiter eine Reduktion des Wärmedurchgangskoeffizienten von 1,70 W/m²K bei einem unsanierten Dachgeschoss auf einen Wärmedurchgangskoeffizienten von 0,16 W/m²K erreicht. Dies führt bei einer Gesamtbetrachtung zu einer Reduktion des in Endenergiebedarfs um 112,97 kWh pro Quadratmeter und Jahr.

Dämmung	104.479 m²		
Kosten	2.700.362,55 €		
Objekte gesamt	736		
m³ Dämmstoff	24.400 m³		
λ-Wert	0,040 W/(m*K)		
m² pro Objekt	142,0 m²		
Brutto-Kosten pro m²	25,85 €/m²		
Dämmdicke gemittelt	0,23 m		
Kosten und Emissionen			
Bauteil	Unsaniert	Saniert	Optimierung
fx (Lagefaktor lt. EnEV)	0,8	0,8	
U-Wert	**1,70 W/m²K**	0,16 W/m²K	1,54 W/m²K
Endenergiebedarf	124,35 kWh/m²a	11,38 kWh/m²a	112,97 kWh/m²a
Brutto-Wärmekosten	10,45 €/m²a	0,96 €/m²a	9,49 €/m²a
CO2-Ausstoß	35,1 kg/m²a	3,2 kg/m²a	31,9 kg/m²a
ROI			2,7 a
Investition/kWh-Einsparung			0,23 €/kWh
Investition/CO2-Einsparung			0,81 €/kg
Alle Gebäude	Unsaniert	Saniert	Optimierung
Endenergiebedarf	12.992 MWh/a	1.189 MWh/a	11.803 MWh/a
Brutto-Wärmekosten	1.091.482 €/a	99.905 €/a	991.577 €/a
CO2-Ausstoß	3.663.651 kg/a	335.339 kg/a	3.328.312 kg/a

Tabelle 7: Dämmung der obersten Geschossdecke

Anhand der nachfolgenden Grafik ist hierbei auch deutlich zu erkennen, dass bereits innerhalb weniger Monate nach Durchführung der Maßnahme eine deutliche Reduktion der Kosten erreicht wird. Eine Minderung der Kosten findet hierbei auch dann weiterhin statt, wenn die Maßnahme nicht durch Eigenkapital, sondern durch die Aufnahme von Fremdkapital finanziert wird.

Hierbei wurde ein Fremdkapitalzinssatz von 2,5 % zugrunde gelegt, der deutlich über den aktuellen Sonderkonditionen Kreditanstalt für Wiederaufbau liegt (Kreditanstalt für Wiederaufbau, 2018). Somit würde sich bei einer Finanzierung mittels KfW-Kredit ein noch positives Bild für eine derartige Maßnahme ergeben.

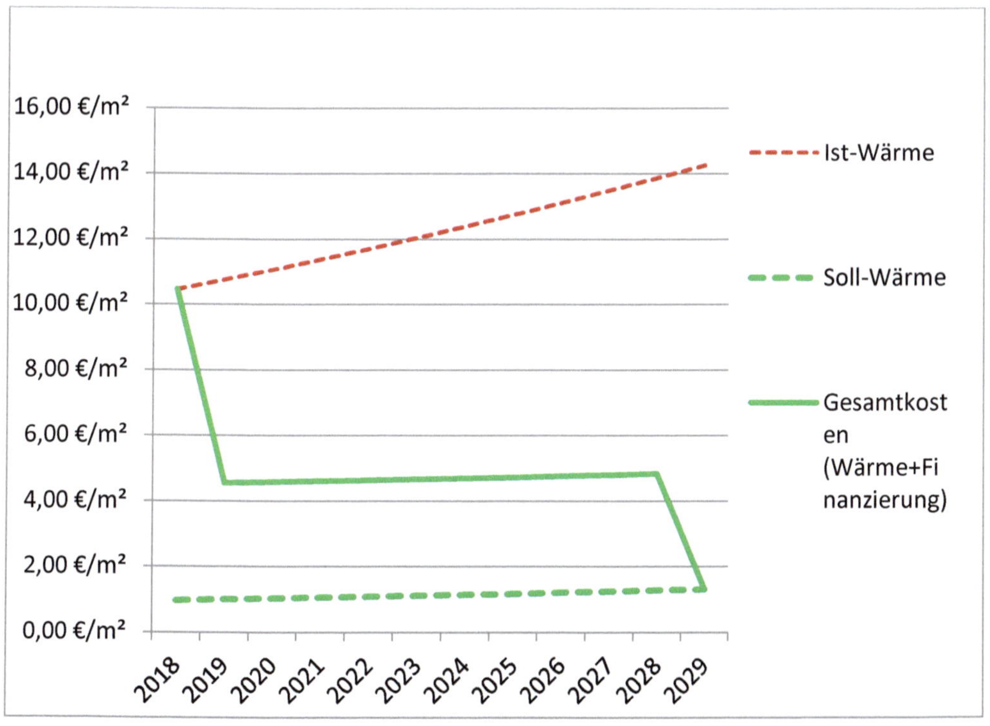

Abbildung 12: Kostenentwicklung nachträgliche Dämmung der oberen Geschossdecke (Betrachtungszeitraum: 2018-2029)

6.1.2.2 Nachträgliche Kerndämmung

Auch die nachträgliche Dämmung der Gebäude Außenwände zählt zu einer der am häufigsten umgesetzten Maßnahmen. Oftmals wird hierbei jedoch der Fokus auf Wärmedämmverbundsysteme gelegt und, wie bereits zuvor erwähnt, etwaige vorhandene Hohlräume bei einem zweischaligen Mauerwerk nicht berücksichtigt.

Sofern vorhanden kann die nachträgliche Dämmung eines Hohlraums bei einem zweischaligen Mauerwerk eine sinnvolle Alternative zu anderweitigen Maßnahmen darstellen. In Rahmen dieser wissenschaftlichen Arbeit wurde dieses Verfahren bei insgesamt 818 Gebäuden mit einem Volumen von 8.352 m³ und einer gedämmten Fläche von 111.896 m² untersucht. Hierbei wird eine Verbesserung der Wärmeleitfähigkeit von zuvor 1,00 W/m²K auf 0,31 W/m²K angenommen.

Hierdurch wird eine Reduktion der Brutto-Wärmekosten von 7,68 €/m²a auf 2,39 €/m²a erreicht, was einer Einsparung von rund 69 % entspricht. Basierend auf diesem Ergebnis kann festgestellt werden, dass eine derartige Maßnahme eine sehr große Effektivität und Effizienz aufweist. Dies wird auch durch einen Return on Invest von weniger als 3 Jahren bestätigt.

Dämmung	111.896 m²		
Kosten	1.710.455,31 €		
Objekte gesamt	818		
m³ Dämmstoff	8.352 m³		
λ-Wert	0,034 W/(m*K)		
m² pro Objekt	136,8 m²		
Brutto-Kosten pro m²	15,29 €/m²		
Dämmdicke gemittelt	0,07 m		
Bauteil	Unsaniert	Saniert	Verbesserung
fx (Lagefaktor lt. EnEV)	1	1	
U-Wert	**1,00 W/m²K**	0,31 W/m²K	0,69 W/m²K
Endenergiebedarf	91,43 kWh/m²a	28,49 kWh/m²a	62,94 kWh/m²a
Brutto-Wärmekosten	7,68 €/m²a	2,39 €/m²a	5,29 €/m²a
CO2-Ausstoß	25,8 kg/m²a	8,0 kg/m²a	17,7 kg/m²a
ROI			2,9 a
Investition/kWh-Einsparung			0,24 €/kWh
Investition/CO2-Einsparung			0,86 €/kg
Alle Gebäude	Unsaniert	Saniert	Verbesserung
Endenergiebedarf	10.231 MWh/a	3.188 MWh/a	7.042 MWh/a
Brutto-Wärmekosten	859.533 €/a	267.871 €/a	591.662 €/a
CO2-Ausstoß	2.885.093 kg/a	899.131 kg/a	1.985.962 kg/a

Tabelle 8: Nachträgliche Kerndämmung

Auch bei der Betrachtung der Kostenentwicklung unter Berücksichtigung einer vollständigen Finanzierung zu einem Zinssatz von 2,5 % p. A. wird die Einsparung deutlich (vgl. Abbildung Nr. 14). Insbesondere in Hinblick dessen, dass eine kontinuierliche Verteuerung der eingesetzten fossilen Brennstoffe erfolgt, ist davon auszugehen, dass derartige Maßnahmen für Immobilieneigentümer insbesondere auch unter weiterer Berücksichtigung der vergleichsweise geringen Investitionskosten eine sinnvolle Möglichkeit der nachträglichen Wärmedämmung darstellen.

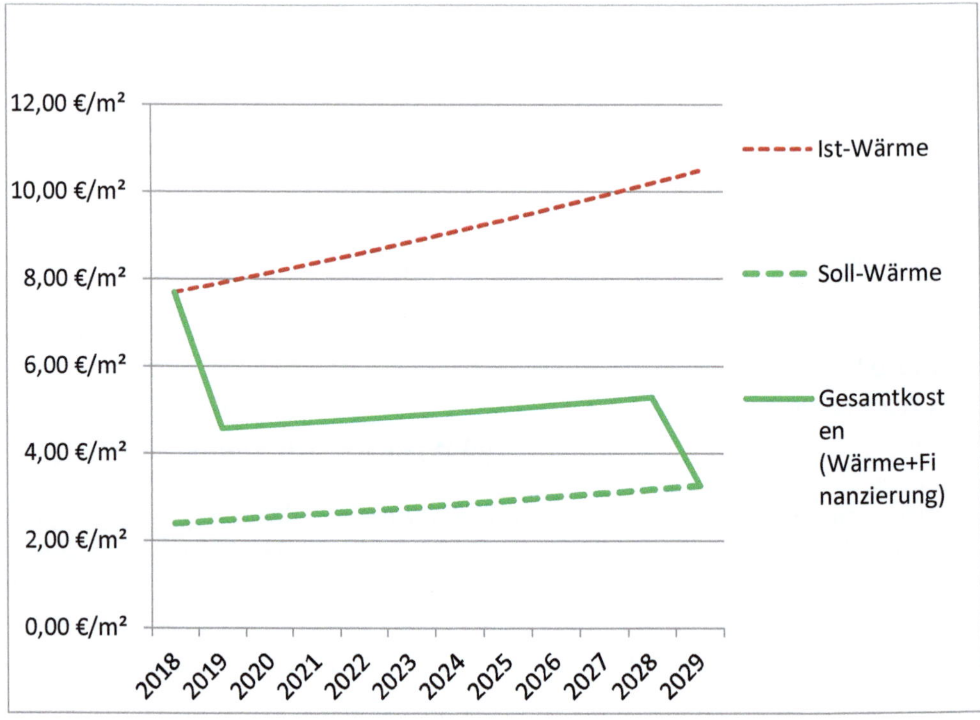

Abbildung 13: Kostenentwicklung nachträgliche Kerndämmung (Betrachtungszeitraum: 2018-2029)

6.1.2.3 Nachträgliche Dämmung der Kellerdecke

Analysiert wurden insgesamt 197 Bauvorhaben, bei denen eine nachträgliche Wärmedämmung der Kellerdecke vorgenommen worden ist. Hierbei wurde unter Einsatz von 826 m³ Dämmstoff insgesamt eine Fläche von 16.757 m² gedämmt. Durch die jeweilige Maßnahme konnte im Durchschnitt eine Reduktion des Wärmedurchgangskoeffizienten um 0,73 W/m²K auf 0,37 W/m²K erreicht werden.

Im Vergleich zu den bisher betrachteten Maßnahmen ist die Amortisationsdauer mit durchschnittlich 7,1 Jahren deutlich größer. Dies kann auch darauf zurückgeführt werden, dass die Wärmedämmung einer Kellerdecke stets mit größeren Herausforderungen verbunden ist. Dies gilt sowohl bei der Einblasung von Dämmstoff aus dem Kellergeschoss hinauf in den Hohlraum als auch beim Öffnen des Bodenbelages im Erdgeschoss mit anschließendem Einblasen des Dämmstoffes.

In diesem Kontext muss jedoch nicht nur berücksichtigt werden, dass hierdurch eine Energieeinsparung erzielt werden kann. Neben der Einsparung von Wärmeenergie ergibt sich eine Erhöhung der Oberflächentemperatur des im Erdgeschoss befindlichen Fußbodens, sodass auch die Behaglichkeit für die Bewohner gesteigert wird (Joos, 2004, S. 85).

Dämmung	16.757 m²		
Kosten	467.821 €		
Objekte gesamt	197		
m³ Dämmstoff	826 m³		
Mittlerer λ-Wert	0,027 W/(m*K)		
m² pro Objekt	85,1 m²		
Brutto-Kosten pro m²	27,92 €/m²		
Dämmdicke gemittelt	0,05 m		
Kosten und Emissionen			
Bauteil	Unsaniert	Saniert	Verbesserung
fx (Lagefaktor lt. EnEV)	0,7	0,7	

U-Wert	**1,10 W/m²K**	0,37 W/m²K	0,73 W/m²K
Endenergiebedarf	70,40 kWh/m²a	23,52 kWh/m²a	46,88 kWh/m²a
Brutto-Wärmekosten	5,91 €/m²a	1,98 €/m²a	3,94 €/m²a
CO2-Ausstoß	19,9 kg/m²a	6,6 kg/m²a	13,2 kg/m²a
ROI			7,1 a
Investition/kWh-Einsparung			0,60 €/kWh
Investition/CO2-Einsparung			2,11 €/kg
Alle Gebäude	Unsaniert	Saniert	Verbesserung
Endenergiebedarf	1.180 MWh/a	394 MWh/a	786 MWh/a
Brutto-Wärmekosten	99.116 €/a	33.109 €/a	66.006 €/a
CO2-Ausstoß	332.690 kg/a	111.134 kg/a	221.556 kg/a

Tabelle 9: Nachträgliche Dämmung der Kellerdecke

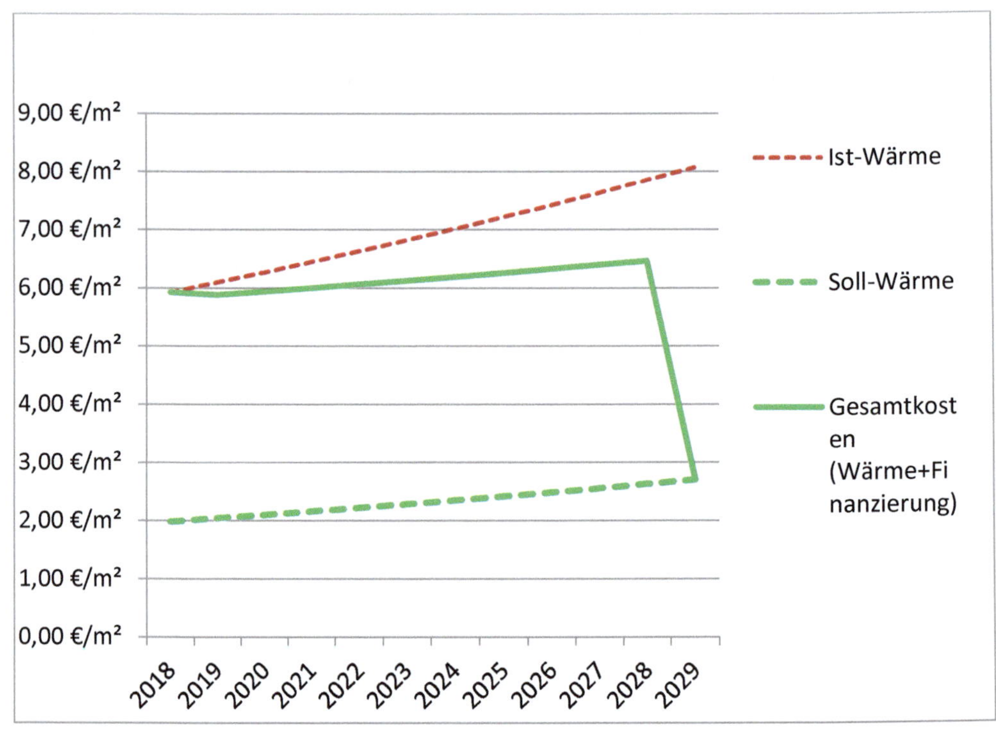

Abbildung 14: Nachträgliche Dämmung der Kellerdecke (Betrachtungszeitraum: 2018-2029)

6.1.2.4   Gesamtbetrachtung

Bei einer Gesamtbetrachtung ergibt sich eine sanierte Fläche von 233.133 m² und ein Investitionsvolumen von rund 4,9 Millionen Euro. Durch die Investitionen konnten beim Endenergiebedarf Einsparungen von 19.631 MWh pro Jahr erzielt werden. Dies bedeutet umgerechnet eine Einsparung bei den Heizkosten von 1,65 Millionen Euro und 5.538 Tonnen CO2 jährlich.

Werden diese Maßnahmen über einen Zeitraum von 10 Jahren betrachtet ist zu erkennen, dass die Investitionen einen Return on Invest bereits nach rund 3 Jahren erreichen können. Somit ist zu erkennen, dass auch vergleichsweise kostengünstige Wärmedämmmaßnahmen eine hohe Effektivität und Effizienz aufweisen. Hierbei muss jedoch darauf verwiesen werden, dass stets die individuellen Gegebenheiten der Gebäude betrachtet werden müssen, denn nicht bei jedem Gebäude sind ausreichend Hohlräume für die Befüllung mittels Einblasdämmung vorhanden.

Während für die Dämmung der obersten Geschossdecke noch vergleichsweise einfach ein Hohlraum geschaffen werden kann beziehungsweise ein offenes Aufblasen des Dämmstoff möglich ist, ergibt sich bei der nachträglichen Dämmung der Außenwände oder der Kellerdecke eine deutlich höhere Herausforderung für die ausführenden Unternehmen. Dies muss entsprechend auch bei der Betrachtung der wirtschaftlichen Umsetzung berücksichtigt werden.

Insgesamt kann festgestellt werden, dass die nachträgliche Dämmung der obersten Geschossdecke und eines Hohlraums bei einem zweischaligen Mauerwerk eine sehr geringe Amortisationsdauer aufweisen und hinsichtlich des Verhältnisses von Kosten und Nutzen eine bestmögliche Alternative für die Gebäudeeigentümer darstellen.

Die nachträgliche Dämmung der Kellerdecke muss hingegen etwas kritischer betrachtet werden. Denn durch einen mit den Dämmmaßnahmen verbundenen erhöhten Aufwand ist eine im Vergleich zu den anderen Maßnahmen deutlich höhere

Amortisationsdauer gegeben. Somit wäre diese Maßnahme im Vergleich zu den anderen dargestellten Maßnahmen nachrangig zu betrachten. Andererseits ist wie zuvor erwähnt der Faktor der Behaglichkeit (Joos, 2004, S. 85) ein weiterer wichtiger Faktor aus Sicht der Gebäudenutzer.

Bei der Betrachtung der zuvor aufgeführten Maßnahmen muss jedoch auch darauf verwiesen werden, dass stets eine ganzheitliche Betrachtung des jeweiligen Gebäudes erfolgen muss. Somit können Handlungsempfehlungen für ein Gebäude nicht pauschal, sondern nur unter Berücksichtigung der örtlichen Gegebenheiten abgeleitet werden.

6.2   ENERGIEEINSPARUNG DURCH DIE NACHTRÄGLICHE GEBÄUDEDÄMMUNG (ÖKOLOGISCHE BETRACHTUNG)

Bei der energetischen Modernisierung von Immobilien müssen nicht nur die Kosteneinsparung für den Nutzer beziehungsweise die Investitionskosten betrachtet werden. Darüber hinaus sollte auch eine Betrachtung der ökologischen Auswirkungen der Modernisierungsmaßnahmen erfolgen.

Die ökologischen Auswirkungen einer nachträglichen Gebäudedämmung werden insbesondere auch dadurch beeinflusst, welche Dämmstoffe hierbei eingesetzt werden (Dehn, König, & Marzahn, 2003, S. 547). Unabhängig vom Material führt eine Wärmedämmung auf den EnEV-Standard oder eine darüberhinausgehende Wärmedämmung stets wie bereits zuvor erwähnt zu einer Reduktion des Energieverbrauchs. Somit ersparen die Dämmstoffe stets ein Vielfaches der bei der Herstellung eingesetzten Energieressourcen (Oehler, 2018, S. 157).

Hierbei muss eine entsprechende Betrachtung über den gesamten Lebenszyklus hinweg erfolgen. Das bedeutet, dass bei der ökologischen Betrachtung nicht nur die Energieeinsparung als solches, sondern die Herstellung der Dämmstoffe und bis zum Ende des Lebenszyklus ein mögliches Recycling und die Entsorgung mit in die ökologische Betrachtung einbezogen werden muss (Kaczmarczyk, Kuhr, Strupp, Schmidt, & Schmidt, 2010, S. 56).

Als problematisch muss in diesem Kontext die sogenannte graue Energie berücksichtigt werden. Dies bedeutet, dass die zusätzliche Energieeinsparung mit jedem Zentimeter zusätzlicher Dämmstärke deutlich absinkt (Keller & Rutz, 2007, S. 115). Beispielsweise kann über einen Zeitraum von 30 Jahren mit dem ersten Zentimeter der Wärmedämmung pro Quadratmeter Bauteilfläche ein Gasverbrauch von 6.474 kWh eingespart werden. Hingegen führt der zehnte Zentimeter nur zu einer zusätzlichen Einsparung von 114 kWh und der zwanzigste Zentimeter lediglich zu einer zusätzlichen Energieeinsparung von 30 kWh. Folglich steigt der Anteil der sogenannten grauen Energie mit jedem zusätzlichen Zentimeter Dämmstärke zunehmend an (Ragonesi, et al., 2016, S. 120).

Somit muss bei einer Überschreitung eines bestimmten Punktes davon ausgegangen werden, dass die ökologische Bilanz des eingesetzten Baustoffes in seiner Gesamtbetrachtung verschlechtert wird. (Ragonesi, et al., 2016, S. 120). Anhand der nachfolgenden Abbildung ist dies deutlich zu erkennen. Bei einer Betrachtung über einen Zeitraum von 40 Jahren weisen unterschiedliche Materialstärken von 8, 12 und 20 cm einer Wärmedämmung mittels expandiertem Ploystyrol lediglich einen Unterschied von rund 24 t in der CO_2 Bilanz auf (Dunkelberg & Weiß, 2016, S. 34).

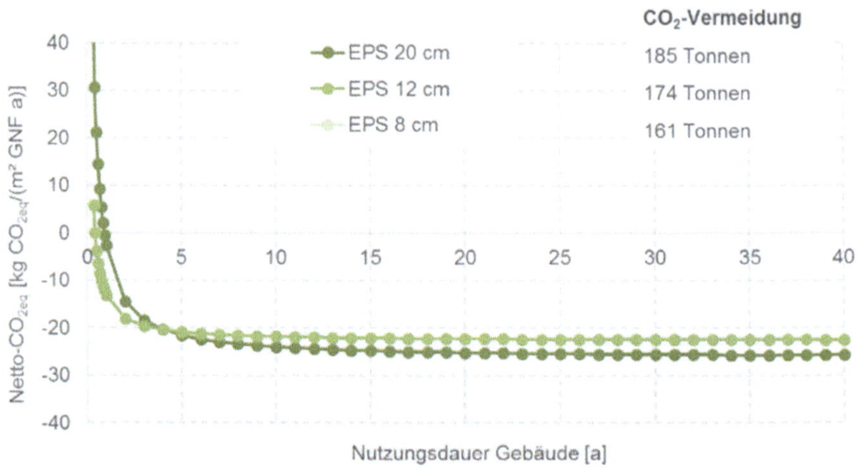

Abbildung 15: CO2 Reduktion bei einer Wärmedämmung mittels EPS in den Stärken 8, 12 und 20 cm (Dunkelberg & Weiß, 2016, S. 34)

Bei den meisten Dämmstoffen besteht die Möglichkeit sortenrein zu recyceln. Als problematisch ist insbesondere die Verbindung mit anderen Baustoffen anzusehen. Beispielsweise befindet sich bei einem Wärmedämmverbundsystem auf der Rückseite des Dämmstoffes nach Entfernung vom Mauerwerk weiterhin Kleber und auf der Vorderseite des Dämmstoffes zumindest Anhaftungen des Wandputzes. Somit ist eine sortenreine Trennung bei vielen Dämmstoffen nahezu nicht möglich, was eine Rückführung in den Herstellungsprozess oder ein anderweitiges Recycling deutlich erschwert (Joos, 2004, S. 72ff).

Um einer derartigen Problematik zu entgehen existieren heutzutage auch spezielle Dämmstoffe wie beispielsweise Gipsschaum. Diese können bei der Montage in Verbindung mit materialähnlichen Baustoffen zu einem Gesamtsystem verbunden werden, was bei einem späteren Rückbau die Möglichkeit bietet den Materialverbund in seiner Gesamtheit zu recyclen (Pfundstein, Gellert, Spitzner, & Rudolphi, 2009, S. 29ff) (Joos, 2004, S. 74).

6.3 ÖKONOMISCHE UND ÖKOLOGISCHE BETRACHTUNG UNTER BERÜCKSICHTIGUNG DES PRIMÄRENERGIEINHALT

Im Allgemeinen muss bei der Betrachtung der Wirtschaftlichkeit auch berücksichtigt werden, welche Faktoren hier zugrunde gelegt werden. Beispielsweise wird im Rahmen der Förderung durch die KfW (Energieeffizientes Sanieren – Kredit und Investitionszuschuss 151/152/430) bei der Dämmung der Außenwand ein maximaler U-Wert von 0,20 W/m²*K vorgegeben (Kreditanstalt für Wiederaufbau, 2018, S. 2). Im Vergleich dazu sieht die Energieeinsparverordnung in Anlage 1 zu den §§ 3 und 9 lediglich einen maximalen U-Wert von 0,28 W/m²*K vor.

Basierend auf diesen unterschiedlichen Anforderungen ergeben sich im Weiteren auch unterschiedliche Anforderungen an die verwendete Wärmedämmung, insbesondere hinsichtlich der benötigten Dämmstärke. Demnach kann abgeleitet werden, dass hierdurch auch unterschiedliche Kosten entstehen und auch ein Einfluss auf die Amortisationsdauer ausgeübt wird. Denn einerseits kann durch eine höhere Dämmstärke eine höhere Energieeinsparung erzielt werden und andererseits steigen hierdurch auch die Kosten für die Umsetzung der Wärmedämmmaßnahmen an. Dies wird anhand der nachfolgenden Berechnungen verdeutlicht.

Als Basis für die Berechnung werden die Gradtagszahlen der Wetterstation Düsseldorf, bereitgestellt durch das Institut für Wohnen und Umwelt (Datenbasis: Deutschen Wetterdienst) genutzt (Institut Wohnen und Umwelt GmbH, 2019).

Dämmstoff	KfW Vorgabe: 0,20 W/m²*K (R-Wert: 5,0)			EnEV Vorgabe: 0,28 W/m²*K (R-Wert: 3,6)		
	Dämmstärke in cm	Primärenergie-inhalt pro m² in kWh	Material-kosten	Dämmstärke in cm	Primärenergie-inhalt Pro m² in kWh	Material-kosten
Calciumsilikat 062	31,0	521,8	352,16 €	22,1	372,7	251,54 €
Holzwolleleichtbauplatte 080	40,0	453,3	213,20 €	28,6	323,8	152,29 €
PUR-Calciumsilikat-Verbundplatten 031	15,5	217,0	186,00 €	11,1	155,0	132,86 €
XPS-Platten 036	18,0	146,7	28,80 €	12,9	104,8	20,57 €
Holzweichfaserplatte nass 040	20,0	89,6	46,00 €	14,3	64,0	32,86 €
Holzweichfaserplatte trocken 040	20,0	115,6	71,40 €	14,3	82,5	51,00 €
Polyurethan-Sprühschaum 030	15,0	114,9	63,00 €	10,7	82,1	45,00 €
Polystyrol-Einblasdämmung 033	16,5	109,2	18,15 €	11,8	78,0	12,96 €
Polyurethan-Gießschaum 027	13,5	103,4	91,80 €	9,6	73,9	65,57 €
Steinwollplatte 035 hart	17,5	94,0	35,53 €	12,5	67,1	25,38 €
Phenolharzplatten 021	10,5	84,0	26,57 €	7,5	60,0	18,98 €

Polyurethan-Platten alu 023	11,5	78,0	24,84 €	8,2	55,7	17,74 €
Schaumglas 036	18,0	76,3	90,00 €	12,9	54,5	64,29 €
Mineralschaum platte 042	21,0	63,0	63,00 €	15,0	45,0	45,00 €
Expandierter Kork 045	22,5	62,3	112,50 €	16,1	44,5	80,36 €
Holzfasermatte 038	19,0	48,5	19,00 €	13,6	34,6	13,57 €
Blähperlit-Schüttdämmung 050	25,0	46,8	42,75 €	17,9	33,4	30,54 €
SLS20-Einblasdämmung 035	17,5	42,0	29,05 €	12,5	30,0	20,75 €
Polyester-Platte 038	19,0	41,6	19,00 €	13,6	29,7	13,57 €
EPS-Platte 032	16,0	40,0	9,92 €	11,4	28,5	7,09 €
Glaswolle-Einblasdämmung 035	17,5	29,4	10,50 €	12,5	21,0	7,50 €
Steinwollplatte 035 weich	17,5	27,4	8,75 €	12,5	19,6	6,25 €
Steinwolle-Einblasdämmung 035	17,5	27,3	15,75 €	12,5	19,5	11,25 €
Glaswollmatte 032	16,0	24,1	6,08 €	11,4	172,0	4,34 €
Kokosfaser 042	21,0	21,0	43,05 €	15,0	15,0	30,75 €
Hanffasermatte 040	20,0	14,4	28,60 €	14,3	10,3	20,43 €

Jutematte 038	21,0	13,7	19,95 €	15,0	9,8	14,25 €
Holzfaser-Einblasdämmung 040	20,0	13,0	7,00 €	14,3	9,3	5,00 €
Neptunballfaser-Einblasdämmung 045	23,0	11,5	36,80 €	16,4	8,2	26,29 €
Seegras 045	23,0	4,6	19,55 €	16,4	3,3	13,96 €
Grasfaser 042	21,0	4,2	11,55 €	15,0	3,0	8,25 €
PUR-Recycling-Granulat 036	18,0	3,6	16,20 €	12,9	2,6	11,57 €
Stroh-Einblasdämmung 043	21,5	2,6	15,05 €	15,4	1,8	10,75 €
Zellulose 038	19,0	1,8	6,65 €	13,6	1,3	4,75 €

Tabelle 10: Vergleich Dämmstoffdicken, -kosten und des Primärenergieinhaltes unter Berücksichtigung der EnEV und KfW-Vorgaben (Datenquelle: (Institut für preisoptimierte energetische Gebäudemodernisierung GmbH, o. J.))

Anhand der zuvor dargestellten Tabelle ist somit deutlich zu erkennen, dass bei Erfüllung der Vorgaben der KfW deutlich höhere Kosten für die Gebäudeeigentümer entstehen. Zeitgleich steigt auch der Primärenergieindex deutlich an. Folglich erhöht sich auch die Amortisationsdauer für den Gebäudeeigentümer. Somit müssen diese unterschiedlichen Anforderungen sowohl hinsichtlich der ökonomischen als auch hinsichtlich der ökologischen Aspekte kritisch betrachtet werden. Auf der anderen Seite erhöht sich über die gesamte Nutzungsdauer bei der Nutzung einer Dämmung, die stärker als unter der Berücksichtigung des EnEV-Standards ausgeführt wird, die Energieeinsparung. Somit wäre eine derartige Wärmedämmung (KfW gefördert oder besser) langfristig betrachtet dennoch wirtschaftlicher als eine Dämmung, die lediglich unter Berücksichtigung des Mindeststandard der EnEV ausgeführt wird.

WEITERE REDUKTION DES ENERGIEVERBRAUCHS IN KOMBINATION MIT WEITEREN MAßNAHMEN

Bei der Durchführung von Maßnahmen zur energetischen Gebäudesanierung sollte stets eine ganzheitliche Betrachtung vorgenommen werden. Dies bedeutet, dass der Fokus nicht auf einzelne Bestandteile des Gebäudes gelegt werden sollte, sondern vielmehr auf das gesamte Gebäude (Weller & Horn, 2017, S. 147).

Anschließend kann auf Basis einer kurzen Kosten-Nutzen-Rechnung eine Priorisierung von verschiedenen Maßnahmen vorgenommen werden (Böhm & Getzner, 2017, S. 40). Dadurch, dass bestimmte Maßnahmen jedoch eine enge Verbindung zu anderen Maßnahmen haben, ist es dennoch oftmals empfehlenswert verschiedene Maßnahmen, die in einer engen Verbindung zueinanderstehen möglichst zeitgleich auszuführen um etwaige Probleme und unnötige Nacharbeiten zu vermeiden (Hopfensperger & Onischke, 2008, S. 185).

Erfolgt beispielsweise eine nachträgliche Wärmedämmung der Außenhülle, müssen üblicherweise weitere flankierende Maßnahmen zeitgleich umgesetzt werden. Erfolgt beispielsweise eine Dämmung der Außenwände, ohne den Austausch von alten Fenstern (Hopfensperger & Onischke, 2008, S. 185)., wird hierdurch die thermische Schwachstelle an den alten Fenstern deutlich verstärkt. Mitunter kann dies zu einem Tauwasserausfall und zu einer Schimmelbildung führen (Rauch, 2011, S. 76).

Eine Reduktion, der durch die Belüftung von Gebäuden entstehenden Energieverluste und die Vermeidung von Feuchtigkeitsproblemen kann durch die Installation einer Lüftungsanlage mit Wärmerückgewinnung erreicht werden. Während bei Neubauten üblicherweise eine zentrale Anlage installiert wird, ist dies bei Bestandsgebäuden oftmals nicht oder nur mit einem sehr großen Aufwand möglich. Daher kann alternativ auch eine dezentrale Lüftungsanlage installiert werden (Oerzen, 2014, S. 53).

Bei der Nachrüstung einer dezentralen Lüftungsanlage werden in die Außenwände der einzelnen Räume mittels Kernbohrung einzelne Lüftungsgeräte eingebaut. Diese können ebenfalls mit einem System zur Wärmerückgewinnung ausgestattet werden. Hierbei leitet das Gerät in regelmäßigen Richtungen Außenluft in den Raum hinein und in gleicher Menge wieder hinaus. Dabei strömt die Luft stets an einem regenerativen Wärmetauscher entlang, sodass beim Abtransport der warmen Innenluft Wärme abgegeben und bei der Einleitung von Außenluft diese erwärmt wird (Stahr, 2018, S. 46). Moderne Geräte bieten dabei die Möglichkeit mehr als 90 % der Abluftwärme auf die Zuluft zu übertragen (Spruth, 2018, S. 128).

Soll beispielsweise eine nachträgliche Dämmung des Dachstuhls erfolgen, muss unmittelbar in diesem Zusammenhang überprüft werden, ob die Dacheindeckung und der Dachstuhl noch ausreichend stabil sind (Joos, 2004, S. 89). Denn es wäre wenig sinnvoll zunächst eine Dämmung einzubringen, wenn bereits kurze Zeit später ein Austausch der Dacheindeckung vorgenommen werden müsste. Selbiges gilt für die Installation einer Solaranlage auf dem Dach. Derartige Maßnahmen sollten sofern notwendig erst nach beziehungsweise in Kombination mit der Dachsanierung erfolgen, wenn es sich um eine alte, abgenutzte Dacheindeckung handelt.

Auch bei der weiteren Reduktion des Energieverbrauchs von Gebäuden durch Maßnahmen, die über die Wärmedämmung hinausgehen, muss der Aspekt der Wirtschaftlichkeit in den Fokus gelegt werden (Bogenstätter, 2018, S. 656) (Anzenberger & Oppel, 2011, S. 35ff). Bei der Berechnung der Amortisationsdauer muss darüber hinaus ein Kostenanstieg bei den eingesetzten Energieträgern berücksichtigt werden. Hierbei gilt zu beachten, dass dieser Kostenanstieg nur geschätzt und nicht genau prognostiziert werden kann, sondern mitunter nur unter Berücksichtigung historischer Daten eine ungefähre Preisentwicklung geschätzt werden kann (Girmscheid & Lunze, 2010, S. 82ff). Dies betrifft insbesondere Zeiträume, die mehr als zwei Dekaden betragen, obwohl bei Immobilien meist eine noch längere Periode betrachtet wird.

Darüber hinaus besteht die Notwendigkeit bei den Kosten der energetischen Sanierung auch einen gewissen Unsicherheitsfaktor zu berücksichtigen (Verhoog, 2018, S. 91ff). Bei älteren Immobilien, insbesondere Immobilien, die nach dem Zweiten Weltkrieg errichtet worden sind, sind nicht alle baulichen Gegebenheiten vollständig bekannt, sodass möglicherweise zusätzliche Arbeiten, die mit zusätzlichen Kosten verbunden sind im Rahmen der Sanierung vorgenommen werden müssen (Meyer zum Alten Borgloh, 2013, S. 20).

DISKUSSION

8.1   GEWONNENEN ERKENNTNISSE

Die Erkenntnisse dieser wissenschaftlichen Arbeit zeigen auf, dass die Durchführung einer nachträglichen Gebäudedämmung stets einer gründlichen Planung bedarf. Nur so kann sichergestellt werden, dass einerseits das damit verbundene Ziel erreicht werden kann.

Darüber hinaus wird deutlich, dass eine Dämmung von Gebäuden, insbesondere eine nachträgliche Dämmung nicht zwangsläufig mit hohen Kosten verbunden sein muss. Hier stellt insbesondere das System der sogenannten Einblasdämmung, das in verschiedenen Bereichen des Gebäudes von der Dämmung eines zweischaligen Mauerwerks über die nachträgliche Dämmung von Dachböden und Kellerdecken bis hin zur Sicherstellung des Brandschutzes im Gebäude genutzt werden kann, eine sinnvolle Alternative dar.

Insbesondere bei der nachträglichen Dämmung des jeweiligen Gebäudes kann oftmals mittels Einblasdämmung eine vergleichsweise kostengünstige Realisierung erfolgen. Dies bedeutet somit, dass im Vergleich zu anderen Systemen, insbesondere Wärmedämmverbundsystemen eine deutlich kürzere Amortisationszeit erreicht werden kann.

8.2 LIMITATIONEN DER ARBEIT

Auch, wenn im Rahmen dieser wissenschaftlichen Arbeit versucht worden ist bestmöglich auf unterschiedliche Gegebenheiten verschiedener Gebäude einzugehen kann hieraus keine Allgemeingültigkeit abgeleitet werden. Vielmehr muss, wie bereits mehrfach innerhalb dieser wissenschaftlichen Arbeit erwähnt, stets eine gebäudespezifische Betrachtung erfolgen. Nur so kann sichergestellt werden, dass sämtliche Faktoren hinreichend berücksichtigt werden und sich keine negativen Auswirkungen aus der Durchführung von nachträglichen Maßnahmen ergeben.

Im Weiteren wurden mit 1.540 Bauvorhaben nur eine vergleichsweise geringe Anzahl an Gebäuden ausgewertet. Dies gilt insbesondere unter Berücksichtigung des Sachverhaltes, dass Ende 2017 in Deutschland allein 18,95 Millionen Wohngebäude existierten (Statista, 2019).

Darüber hinaus wurden innerhalb dieser wissenschaftlichen Arbeit nur ausgewählte Dämmstoffe dargestellt. Somit können die erlangten Erkenntnisse nicht zwangsläufig vollständig auf andere Dämmstoffe übertragen werden. Dennoch ist unter Verweis bei vergleichbaren Werten der Wärmeleitfähigkeit davon auszugehen, dass die erlangten Erkenntnisse dennoch überwiegend auf nicht im Rahmen dieser wissenschaftlichen Arbeit untersuchten Materialien übertragen werden können.

8.3 FAZIT

Bei der Betrachtung der unterschiedlichen Methoden der Gebäudedämmung, unabhängig davon ob es sich um die Wärmedämmung bei einem Neubau oder um die Wärmedämmung eines Bestandsgebäudes handelt ergeben sich unterschiedliche Vorteile und Nachteile.

Somit muss unter Berücksichtigung der individuellen Gegebenheiten des Gebäudes zunächst eine gründliche Prüfung und anschließend im Rahmen des Planungsprozesses die Auswahl eines möglichst optimalen Wärmedämmsystems ausgewählt werden.

Insbesondere bei der nachträglichen Gebäudedämmung kann sich die Nutzung einer Einblasdämmung als vorteilhaft erweisen. Denn hierdurch ist oftmals nur ein geringer Eingriff in die bestehende Bausubstanz notwendig. Zudem können beispielsweise bestehende Wohnräume bei einem zweischaligen Mauerwerk ausgefüllt werden und hierdurch die Wärmedämmungseigenschaft deutlich verbessert werden, ohne dass die Fassade des Gebäudes verändert werden muss. Somit können beispielsweise bei älteren Häusern Probleme mit dem Denkmalschutzamt vermieden werden.

Unabhängig davon, welches System bei der Wärmedämmung eingesetzt wird besteht die Notwendigkeit, dass neben einer gründlichen Verarbeitung auch eine einwandfreie Verarbeitung erfolgt. Denn nur, wenn die Gebäudedämmung unter Berücksichtigung der Herstellervorgaben sowie der in der entsprechenden bauaufsichtlichen Zulassung genannten Vorgaben ausgeführt wird, kann die notwendige Qualität des Systems gewährleistet werden.

Folglich sollten Wärmedämmung nur von ausgebildeten Fachleuten durchgeführt werden. Diese Notwendigkeit wird im Weiteren auch dadurch bestätigt, dass beispielsweise das Deutsche Institut für Bautechnik bei allen Einblasdämmstoffen in der jeweiligen allgemeinen bauaufsichtlichen Zulassung festgelegt hat, dass diese Art der Wärmedämmung nur von geschulten und zertifizierten Fachunternehmen ausgeführt werden darf. Zudem müssen diese Unternehmen ihrerseits auch beim Deutschen Institut für Bautechnik gelistet sein. Eine derartige Zertifizierung und Schulung der Unternehmen und der Mitarbeiter kann demnach auch sicherstellen, dass derartige Systeme fachgerecht eingebracht werden.

Insbesondere bei der nachträglichen Dämmung von Gebäuden gilt auch der Aspekt der damit verbundenen Kosten zu berücksichtigen. Denn oftmals scheuen Gebäudeeigentümer davor zurück hohe Investitionen in die Wärmedämmung zu investieren, da hierdurch eine sehr hohe Amortisationszeit entstehen kann. Anhand der Erkenntnisse innerhalb dieser wissenschaftlichen Arbeit wird deutlich, dass insbesondere die Nutzung von Einblasdämmung zu sehr kurzen Amortisationszeiträumen von wenigen Jahren führen kann. Somit stellt eine derartige nachträgliche Gebäudedämmung für den Gebäudeeigentümer grundsätzlich eine lohnende Möglichkeit dar und kann dazu beitragen, dass einerseits Heizkosten eingespart werden und andererseits ein zusätzlicher Beitrag zum Umweltschutz geleistet wird.

9

LITERATURVERZEICHNIS

Ackermann, T. (2003). *Energieeinsparverordnung.* Wiesbaden: Springer Fachmedien.

Antiphon Verlag. (2018). *Verordnung über energiesparenden Wärmeschutz und energiesparende Anlagetechnik bei Gebäuden.* Frankfurt am Main: Antiphon Verlag.

Anzenberger, R., & Oppel, K. (2011). *Immobilienkauf.* München: Vahlen.

Arndt, H. (2014). *Wärmeschutz und Feuchte in der Praxis: Funktionssicher und energiesparend bauen* (3 Ausg.). Berlin: Beuth Verlag.

Baehr, H. D., & Kabelac, S. (2016). *Thermodynamik: Grundlagen und technische Anwendung* (16 Ausg.). Berlin: Springer.

Barbey, K. (2012). *Metropolregion im Klimawandel.* Karlsruhe: KIT Scientific Publishing.

Bauer, M., Freeden, W., Jacobi, H., & Neu, T. (2018). *Handbuch Oberflächennahe Geothermie.* Berlin: Springer.

Bauzentrum München. (10 2017). *Leitfaden Dämmstoffe 3.0.* Von https://www.muenchen.de/rathaus/dam/jcr:c44833ca-c8b6-4b63-ba37-3c5c588d3b53/leitfaden_daemmstoffe_3_0.pdf# abgerufen

Bemmann, A. (2013). *Die Behandlung des Emissionshandels in der Handels- und Steuerbilanz.* Wiesbaden: Springer Fachmedien.

Bogenstätter, U. (2018). *Immobilienmanagement erfolgreicher Bestandshalter.* Berlin: Walter de Gruyter.

Böhm, M., & Getzner, M. (2017). *Ökonomische Wirkungen der thermischen Sanierung von Wohngebäuden in Österreich.* Wien: LIT Verlag.

BuFAS Bundesverband Feuchte & Altbausanierung e. V. (2011). *Altbausanierung 6: Wärmeschutz und Altbausanierung 22. Hanseatische Sanierungstage vom 3. nbis 5. November 2011 im Ostseebad Heringsdorf/Usedom.* Berlin: Beuth Verlag.

Bundesamt für Wirtschaft und Ausfuhrkontrolle. (02 2018). *Gut beraten, besser saniert.* Von Die Energieberatung für Wohngebäude: https://www.bmwi.de/Redaktion/DE/Publikationen/Energie/energieberatun g-fuer-wohngebaeude.pdf?__blob=publicationFile&v=40 abgerufen

Bundesministerium der Justiz und für Verbraucherschutz. (24. 07 2015). *Verordnung über energiesparenden Wärmeschutz und energiesparende Anlagentechnik bei Gebäuden (Energieeinsparverordnung - EnEV).* Von § 25 Befreiungen: https://www.gesetze-im-internet.de/enev_2007/EnEV.pdf abgerufen

Cammerer, W. F. (1995). *Wärme- und Kälteschutz: im Bauwesen und in der Industrie* (5 Ausg.). Berlin: Springer.

Cerbe, G., & Lendt, B. (2017). *Grundlagen der Gastechnik: Gasbeschaffung – Gasverteilung – Gasverwendung* (8 Ausg.). München: Carl Hanser Verlag.

CreaCycle GmbH. (o. J.). *Recycling von expandiertem Polystyrol (EPS).* Von https://www.creacycle.de/de/projekte/recycling-von-expandiertem-polystyrol-eps.html abgerufen

Cypra, S. (2010). *Auswirkungen von Energieeffizienzzertifikaten auf Investitionsentscheidungen im Wohnungsbau.* Karlsruhe: KIT Scientific Publishing.

Dahi, Z. (2012). *Recycelfähige Dämmstoffe aus Altpapier für Syrien.* Kassel: kassel university press.

Dehn, F., König, G., & Marzahn, G. (2003). *Konstruktionswerkstoffe im Bauwesen.* Berlin: Ernst & Sohn Verlag für Architektur und technische Wissenschaften.

Deutsche Energie-Agentur. (2016). *DENA Expertenservice.* Von https://www.dena-expertenservice.de/arbeitshilfen/zahlen-zum-nachschlagen/energiepreise/ abgerufen

DEUTSCHE ROCKWOOL GmbH & Co. KG. (11 2017). *Dämmung in der vorgehänten hinterlüfteten Fassade.* Von Für den Fachbetrieb / Fachmann: https://cdn01.rockwool.de/siteassets/rw-d/broschuren/fassade/br-daemmung-in-der-vorgehaengten-hinterluefteten-fassade-rockwool.pdf?f=20180622062703 abgerufen

DEUTSCHE ROCKWOOL GmbH & Co. KG. (08 2017). *ROCKWOOL.* Von Wer die Natur liebt, schätzt Steinwolle: https://cdn01.rockwool.de/siteassets/rw-d/broschuren/okologie/br-oekologie-rockwool.pdf?f=20180622063130 abgerufen

DEUTSCHE ROCKWOOL GmbH & Co. KG. (12 2017). *ROCKWOOL.* Von Einblasdämmsystem Fillrock: https://cdn01.rockwool.de/siteassets/rw-d/broschuren/fassade/br-einblasdaemmsystem-fillrock-rockwool.pdf?f=20180622062840 abgerufen

DEUTSCHE ROCKWOOL GmbH & Co. KG. (02 2017). *Wie wird Steinwolle hergestellt?* . Von Der Herstellungsprozess in den ROCKWOOL Werken ähnelt der natürlichen Aktivität eines Vulkans: https://www.rockwool.de/rat-und-tat/vertiefendes-wissen/umweltschutz-und-wohngesundheit/herstellung-steinwolle/ abgerufen

DEUTSCHE ROCKWOOL GmbH & Co. KG. (10 2018). *ROCKWOOL.* Von Factsheet zur Kreislaufführung bei der DEUTSCHEN ROCKWOOL: https://cdn01.rockwool.de/siteassets/rw-d/nachhaltigkeit-und-gebaudezertifizierungen/nachhaltigkeit-bei-rockwool/wu-factsheet-kreislauffuehrung-rockwool.pdf?f=20181023075546 abgerufen

DIN Deutsches Institut für Normung e. V. . (06 2010). DIN 18516-1:2010-06. *Außenwandbekleidungen, hinterlüftet - Teil 1: Anforderungen, Prüfgrundsätze*. Berlin, NRW, Deutschland: Beuth Verlag.

DIN Deutsches Institut für Normung e. V. (2016). *BWA-Richtlinien für Bauwerksabdichtungen: Grundwissen Ausführung von Abdichtungen*. Berlin: Beuth Verlag.

DPM Holzdesign GmbH. (17. 12 2017). *Iso-Stroh.* Von Leistungserklärung Nr. 1712-ISOS: https://www.isostroh.com/assets/Uploads/ISO-Stroh-leistungserklaerung.pdf abgerufen

Drewer, A. (2017). Nachträgliche Kerndämmung von Hohlwänden. In BuFAS e.V., *Erfolgreich sanieren - normativ oder sachverständig?* (S. 137-146). Berlin: Beuth Verlag.

Drewer, A. (04 2019). Dunkelziffer graue Energie? *db - Deutsche Bauzeitung,* S. 1-3.

Drusche, V. (2004). *Synergienergie: energieoptimiert, ressourcenschonend, schadstoffarm, kostenreduziert.* München: Oldenbourg Industrieverlag.

Dunkelberg, E., & Weiß, J. (2016). *Ökologische Bewertung energetischer Sanierungsoptionen, Ge-bäude-Energiewende.* Berlin: Institut für ökologische Wirtschaftsforschung (IÖW).

Ecofibre Dämmstoffe GmbH. (31. 01 2019). *Einblasdämmung – Steinwolle, Glaswolle, Zellulose, EPS – Ecofibre Bremen.* Von Warum darf Einblasdämmung nur vom Fachbetrieb verbaut werden?: https://www.ecofibre.de/einblasdaemmung/fachbetriebe-1/ abgerufen

Epinatjeff, P., & Weidlich, B. (1986). *Rationelle Energieverwendung im Hochbau.* Berlin: Springer.

Essl, F., & Rabitsch, W. (2013). *Biodiversität und Klimawandel: Auswirkungen und Handlungsoptionen für den Naturschutz in Mitteleuropa.* Berlin: Springer.

Falk, U., & Aschenbrenner, H. (2009). *Feuchtigkeits- und Schimmelschäden.* Planegg: Rudolf Haufe Verlag.

Färber, M. (2013). *Energetische und soziale Problemlagen in Berlin: Eine GIS-gestützte Untersuchung von energieeffizienter Wohngebäudesanierung im Hinblick auf soziökonomisch schwache Gebiete.* Berlin: Universitätsverlag der Technischen Universität Berlin.

Fischer, H.-M., Freymuth, H., Häupl, P., Homann, M., Jenisch, R., Richter, E., & Stohrer, M. (2008). *Lehrbuch der Bauphysik: Schall - Wärme - Feuchte - Licht - Brand - Klima* (6 Ausg.). Wiesbaden: Vieweg+Teubner Verlag.

Fischer, H.-M., Jenisch, R., Klopfer, H., Freymuth, H., Richter, E., & Petzold, K. (1997). *Lehrbuch der Bauphysik: Schall - Wärme - Feuchte - Licht - Brand - Klima* (4 Ausg.). Stuttgart: B. G. Teubner.

Förtsch, G., & Meinholz, H. (2015). *Handbuch Betriebliche Kreislaufwirtschaft.* Wiesbaden: Springer.

Fouad, N. A. (2015). *Bauphysik Kalender 2015: Schwerpunkt: Simulations- und Berechnungsverfahren.* Berlin: Wilhelm ERnst & Sohn Verlag für Architektur und technische Wissenschaften.

Geburtig, G. (2012). *Brandschutz im Bestand.* Berlin: Beuth Verlag.

Gesang, B. (2011). *Klimaethik.* Berlin.

Giebeler, G., Fisch, R., Krause, H., Musso, F., Petzinka, K.-H., & Rudolphi, A. (2008). *Atlas Sanierung: Instandhaltung, Umbau, Ergänzung.* Basel: Birkhäuser Verlag.

Girmscheid, G., & Lunze, D. (2010). *Nachhaltig optimierte Gebäude: Energetischer Baukasten, Leistungsbündel undLife-Cycle-Leistungsangebote.* Berlin: Springer.

Gonzalo, R., & Habermann, K. J. (2012). *Energieeffiziente Architektur: Grundlagen für Planung und Konstruktion.* Basel: Birkhäuser.

Gromer, C. (2012). *Die Bewertung von nachhaltigen Immobilien.* Wiesbaden: Springer Fachmedien.

GUTEX Holzfaserplattenwerk. (10 2018). *GUTEX Thermofibre.* Von Die Holzfaser Einblasdämmung: Wirtschaftlicher und bauphysikalisch sicher dämmen in Handwerk und Fertighausbau:

https://gutex.de/fileadmin/uploads/Downloads/Broschueren/GUTEX_DE_B R_Thermofibre_2018-10.pdf abgerufen

Hahn, D., Schulte, B. H., Radeisen, M., Schult, N., & van Schewick, F. (2017). *Die neue Bauordnung Nordrhein-Westfalen* (3 Ausg.). Heidelberg: rehm.

Hake, B. (1980). *Ölkrisenprogramm für Hausbesitzer: Warm & preiswert heizen mit alten & neuen Techniken.* Braunschweig: Friedrich vieweg & Sohn.

Hans Hiltscher Einblasdämmung. (o. J.). *Dämmen der Obersten Geschossdecke.* Von https://www.wenigerheizen.net/leistungen/d%C3%A4mmen-oberste-geschossdecke/ abgerufen

Hegener, H.-D., & Vogler, I. (2002). *Energieeinsparverordnung EnEV - für die Praxis kommentiert.* Berlin: Ernst & Sohn Verlag für Architektur und technische Wissenschaften.

Heidemann, A., Kistemann, T., Stolbrink, M., Kasperkowiak, F., & Heikrodt, K. (2014). *Integrale Planung der Gebäudetechnik: Erhalt der Trinkwassergüte - Vorbeugender Brandschutz - Energieeffizienz.* Berlin: Springer.

Heidemann, A., Kistemann, T., Stolbrink, M., Kasperkowiak, F., & Heikrodt, K. (2014). *Integrale Planung der Gebäudetechnik: Erhalt der Trinkwassergüte - Vorbeugender Brandschutz -Energieeffizienz.* Berlin: Springer.

Heimann, T. (2017). *Klimakulturen und Raum: Umgangsweisen mit Klimawandel an europäischen Küsten.* Wiesbaden: Springer VS.

Hertel, G. (Hrsg.). (2008). *Immobilien- und Bauschadensbewertung : Beiträge aus Forschung, Praxis und Weiterbildung : mit 15 Tabellen .* Renningen: Expert Verlag.

Hertel, G. H., Neubert, K., Grün, S., Albert, R., Althoff, R., Gerdes, A., . . . Struhlik, P. (2009). *Immobilien- und Bauschadensbewertung II.* Renningen: expert.

Hetterich, J. (2013). *Integration von ökologischer Nachhaltigkeit als Kundenbedürfnis: Einganzheitlicher Ansatz zur Entwicklung von Fahrzeuginnenraumkomponenten.* Göttingen: sierke Verlag.

Holz & Funktion AG. (07 2014). *Holz & Funktion AG.* Von Empfohlene Einblasdichte
Climacell: https://holzfunktion.ch/wp-content/uploads/2014/07/HF-
Climacell-empohlene-Einblasdichte.pdf abgerufen

Holzmann, G., Wangelin, M., & Bruns, R. (2012). *Natürliche und pflanzliche
Baustoffe: Rohstoff - Bauphysik - Konstruktion* (2 Ausg.). Wiesbaden:
Vieweg + Teubner.

Hopfensperger, G., & Onischke, S. (2008). *Der Energieausweis für Gebäude.*
Freiburg: Haufe-Lexware.

Hopfensperger, G., & Onischke, S. (2008). *Der Energieausweis für Gebäude: Für
Vermieter, Verwalter und Eigentümer.* Freiburg im Breisgau: Haufe.

Hopfensperger, G., & Onischke, S. (2014). *Renovieren und Modernisieren:
Pflichten und Chancen nach der neuen Energieeinsparverordnung.*
Freiburg: Haufe-Lexware.

Hopfensperger, G., Onischke, S., & Spöth, H. (2009). *Renovieren und
Modernisieren für Vermieter.* München: Rudolf Haufe Verlag.

Hugues, T., Steiger, L., & Weber, J. (2012). *Holzbau: Details, Produkte, Beispiele*
(4 Ausg.). München: Institut für internationale Architektur-Dokumentation.

IBO - Österreichisches Institut für Bauen und Ökologie (Hrsg.). (2017).
*Passivhaus-Bauteilkatalog: Sanierung: Ökologisch bewertete
Konstruktionen.* Basel: Birkähäuser.

IBU - Institut Bauen und Umwelt e.V. (05. 02 2016). *STEICO: natürlich besser
dämmen.* Von Umwelt-Produktdeklaration nach ISO 14025 und EN 15804:
Holzfaserdämmstoffe STEICO SE:
https://www.steico.com/fileadmin/steico/content/pdf/Certificates_-
_Documents/German/EPD_IBU/STEICO_EPD_STE_IBD1_DE.pdf abgerufen

Institut Bauen und Umwelt e.V. (IBU). (30. 10 2014). *EJOT Baubefestigungen
GmbH.* Von Befestigungssysteme für Wärmedämm-Verbundsysteme: EJOT
Baubefestigungen GmbH:
https://www.bau.ejot.de/medias/sys_master/002/h31/hc5/885135399324

6/EPD-Befestigungssysteme-fuer-Waermedaemm-Verbundsysteme-de.pdf
abgerufen

Institut Bauen und Umwelt e.V. (IBU). (08. 04 2015). *Bindesministerium des Inneren, für Bau und Heimat.* Von UMWELT-PRODUKTDEKLARATION nach ISO 14025 und EN 15804: EPS-Hartschaum (Styropor ®) für Decken/Böden und als Perimeterdämmung B/P-040 - Industrieverband Hartschaum e. V.:
https://www.oekobaudat.de/OEKOBAU.DAT/resource/sources/11975226-0d14-4b7c-ba69-cdf9cd775049/EPS-Hartschaum+(Styropor+)+fuer+DeckenBoeden+und+als+Perimeterdaemmung+BP-040.pdf;jsessionid=849E836F19615EFF5BAC373D3DC3529C abgerufen

Institut für preisoptimierte energetische Gebäudemodernisierung GmbH. (o. J.). *Überblick Einblasdämmstoffe.* Von
https://www.enbausa.de/fileadmin/user_upload/Bauen_und_Sanieren/Daemmung_Fenster_Fassade/Daemmstoffe/ipeg_einblasdaemmstoffe.pdf abgerufen

Institut für preisoptimierte energetische Gebäudemodernisierung GmbH. (o. J.). Vergleich Dämmstoffe PEI. Paderborn, Deutschland.

Institut Wohnen und Umwelt GmbH. (2019). *Institut Wohnen und Umwelt.* Von Gradtagszahlen Deutschland:
https://www.iwu.de/fileadmin/user_upload/dateien/energie/werkzeuge/Gradtagszahlen_Deutschland.xls abgerufen

Jäger, W. (2017). *Mauerwerk Kalender 2017: Befestigungen, Lehmmauerwerk.* Berlin: Wilhelm Ernst & Sohn Verlag.

Joos, L. (2004). *Energieeinsparung in Gebäuden: Stand der Technik - Entwicklungstendenzen* (2 Ausg.). Essen: Vulkan Verlag.

Kaczmarczyk, C., Kuhr, H., Strupp, P., Schmidt, J., & Schmidt, A. (2010). *Bautechnik für Bauzeichner: Zeichnen - Rechnen - Fachwissen* (2 Ausg.). Wiesbaden: Vieweg+Teubner.

Kaiser, C., Nusser, J., & Schrammel, F. (2018). *Praxishandbuch Facility Management.* Wiesbaden: Springer Fachmedien.

Keller, B., & Rutz, S. (2007). *PinPoint - Fakten der Bauphysik zu nachhaltigem Bauen.* Zürich: vdf Hochschulverlag AG an der ETH Zürich.

Knauf Insulation GmbH. (09 2017). *knaufinsulation.* Von Knauf Insulation Supafil: Einblasdämmung mit allen Vorteilen der Glaswolle: https://pim.knaufinsulation.com/files/download/1.0_knaufinsulation_supafi l_broschure.pdf?_ga=2.183027366.1649900189.1553159667-1754605648.1553159667 abgerufen

Kofner, S. (2016). *Investitionsrechnung für Immobilien* (4 Ausg.). Freiburg: Haufe-Lexware.

Kranert, M., & Cord-Landwehr, K. (2010). *Einführung in die Abfallwirtschaft* (4 Ausg.). Wiesbaden: Vieweg + Teubner.

Kreditanstalt für Wiederaufbau. (04 2018). *Kreditanstalt für Wiederaufbau.* Von Anlage zu den Merkblättern: Energieeffzientes Sanieren - Kredit und Investitionszuschuss: https://www.kfw.de/PDF/Download-Center/F%C3%B6rderprogramme-(Inlandsf%C3%B6rderung)/PDF-Dokumente/6000003612_M_151_152_430_Anlage_TMA_2018_04.pdf abgerufen

Kreditanstalt für Wiederaufbau. (04 2018). *Merkblatt: Energieeffizient Sanieren - Investitionszuschuss.* Von https://www.kfw.de/PDF/Download-Center/F%C3%B6rderprogramme-(Inlandsf%C3%B6rderung)/PDF-Dokumente/6000004311_M_430_Zuschuss.pdf abgerufen

Kreditanstalt für Wiederaufbau. (11 2018). *Merkblatt: Energieeffizient Sanieren - Kredit.* Von https://www.kfw.de/PDF/Download-Center/F%C3%B6rderprogramme-(Inlandsf%C3%B6rderung)/PDF-Dokumente/6000003743_M_151_152_EES_Kredit_2018_04.pdf abgerufen

Kreditanstalt für Wiederaufbau. (o. J.). *Energieeffizient Sanieren – Kredit* . Von https://www.kfw.de/inlandsfoerderung/Privatpersonen/Bestandsimmobilie

n/Finanzierungsangebote/Energieeffizient-Sanieren-Kredit-(151-152)/ abgerufen

Krimmling, J. (2018). *Wirtschaftlichkeitsbewertung verstehen und anwenden: Für Architekten, Ingenieure, Energieberater und Facility Manager.* Wiesbaden: Springer FAchmedien.

Krolkiewicz, H. J. (2010). *Der Altbau: Auswahl, Kauf, Modernisierung.* Freiburg: Haufe-Lexware.

Kuhlmann, U. (2017). *Stahlbau-Kalender 2017 : Schwerpunkte: Dauerhaftigkeit, Ingenieurtragwerke .* Berlin: Ernst & Sohn.

Küll, C. (2009). *Grundrechtliche Probleme der Allokation von CO2-Zertifikaten.* Berlin: Springer.

Lange, J. (2018). *Die Neuordnung der energetischen Modernisierung im Recht der Wohnraummiete - Zur Umsetzung klima- und umweltpolitischer ZIele mit den Mitteln des privaten Vertragsrechts.* Berlin: LIT Verlag.

Lohmeyer, G. C., Bergmann, H., & Post, M. (2005). *Praktische Bauphysik: Eine Einführung mit Berechnungsbeispielen* (5 Ausg.). Wiesbaden: Springer Fachmedien.

Lundie, S. (1999). *Ökobilanzierung und Entscheidungstheorie: Praxisorientierte Produktbewertung auf der Basis gesellschaftlicher Werthaltungen.* Berlin: Springer.

Mäurer, A., & Schlummer, M. (2014). Recyclingfähigkeit von Wärmedämmverbundsystemen mit Styropor. In K. J. Thomé-Kozmiensky, *Mineralische Nebenprodukte und Abfälle: Aschen, Schlacken, Stäube und Baurestmassen* (S. 449-455). Neuruppin: TK.

maxit Baustoffwerke GmbH; Fanken Maxit Mauermötel GmbH & Co. . (11 2018). *maxit.* Von maxit Strohdämmplatten: https://www.maxit.de/fileadmin/user_upload/Zielgruppen/6-1_Downloads/Flyer-und-Prospekte-Waermedaemmung/710760_maxit_Strohdaemmung.pdf abgerufen

Metzger, B. (2014). *Die kleine Bau-Fibel: Bauteil- und Baustoffkunde; Bauphysikalische Grundlagen; Bauteile und Baukonstruktionen.* Inning am Ammersee: Moderne Medien Verlag.

Meyer zum Alten Borgloh, C. (2013). *Büroprojektentwicklung im Spannungsfeld von Transaktionskosten und stadtplanerischer Intervention.* Wiesbaden: Springer Fachmedien.

Mileto, C., Vegas, F., & Cristini, V. (2012). *Rammed Earth Conservation.* London: Taylor & Francis Group.

Möller, R., Pöter, H., & Schwarze, K. (2011). *Planen und Bauen mit Trapezprofilen und Sandwichelementen.* Berlin: Wilhelm Ernst & Sohn Verlag für Architektur und technische Wissenschaften.

Motzko, C. (2013). *Praxis des Bauprozessmanagements: Termine, Kosten und Qualität zuverlässig steuern.* Berlin: Wilhelm Ernst & Sohn.

Naumer, W. (2008). *Energiesparend bauen und modernisieren.* München: Rudolf Haufe Verlag.

Neimke, G., & Erlenbeck, M. (2008). *Ökologisch wohnen, bauen und sanieren: Für Eigentümer und Mieter.* Hannover: humboldt.

Neroth, G., & Vollenschaar, D. (2011). *Wendehorst Baustoffkunde: Grundlagen - Baustoffe - Oberflächenschutz* (27 Ausg.). Wiesbaden: Vieweg + Teubner.

Noack, B., & Westner, M. (2015). *Miete und Mieterhöhung.* Freiburg: Haufe-Lexware.

Noosten, D. (2015). *Die private Bau- und Immobilienfinanzierung: Eine Einführung für Planer und Auftragnehmer von Bauleistungen.* Wiesbaden: Springer Fachmedien.

Nowak, A. (o. J.). *Definition ökonomische Nachhaltigkeit.* Von Galber Wirtschaftslexikon: https://wirtschaftslexikon.gabler.de/definition/oekonomische-nachhaltigkeit-53449 abgerufen

Oehler, S. (2018). *Emissionsfreie Gebäude: Das Konzept der „Ganzheitlichen Sanierung" für die Gebäude der Zukunft.* Wiesbaden: Springer Fachmedien.

Oerzen, J. (2014). *Energiesparmaßnahmen für Mehrfamilienhäuser: Sanierung von Gebäuden im Bestand.* Hamburg: Igel Verlag.

Olzog, K. (2017). *Energiewende im Klimawandel: Entwicklungen und Zukunftsperspektiven.* Norderstedt: TWENTYSIX.

Onischke, S., & Spöth, H. (2010). *Der Renovierungsplaner: Mit Rechts- und KostenChecks.* Planegg: Rudolf Haufe Verlag.

Paschko, K. (2018). Mehr als Mindestwärmeschutz: Nachträgliche Dämmung oberster Geschossdecken. *Bauen plus,* S. 34-37.

Paschko, K., & Paschko, H. (11 2013). Nachträgliche Einblasdämmung: Schlüsseltechnologie in der Altbausanierung. *EnEV im Bestand,* S. 30-35.

Peters, S. (2012). *Material Revolution: Sustainable and Multi-Purpose Materials for Design and Architecture.* Basel: Birkhäuser.

Pfundstein, M., Gellert, R., Spitzner, M. H., & Rudolphi, A. (2009). *Dämmstoffe: Grundlagen, Materialien, Anwendungen.* München: Institut für internationale Architektur-Dokumentation.

Preuß, N., & Schöne, L. B. (2010). *Real Estate und Facility Management* (3 Ausg.). Berlin: Springer.

Ragonesi, M., Paulus, A., Plüss, I., Notter, G., Ettlin, M., Burkhardt, D., . . . Zurfluh, B. (2016). *Bautechnik der Gebäudehülle: Bau & Energie* (2 Ausg.). Zürich: vdf Hochschulverlag.

Rauch, P. (2011). *Tauwasser und Feuchtigkeit im Mauerwerk.* Leipzig: Ingenieurbüro Peter Rauch .

Reisbeck, T., & Schöne, L. B. (2017). *Immobilien-Benchmarking* (3 Ausg.). Berlin: Springer.

Riekmann, D. (2015). *Klimaschutz im städtebaulichen Sanierungsrecht.* Marburg: Tectum Verlag.

Roberts, S., & Guariento, N. (2009). *Gebäudeintegrierte Photovoltaik: Ein Handbuch.* Basel: Birkhäuser.

Rogall, H. (2002). *Neue Umweltökonomie - ökologische Ökonomie: ökonomische und ethische Grundlagen der Nachhaltigkeit, Instrumente zu ihrer Durchsetzung.* Opladen: Leske + Budrich.

Schellhorn, M. (1997). *Umweltrechnungslegung: Instrumente der Rechenschaft über die Inanspruchnahme der natürlichen Umwelt* (2 Ausg.). Wiesbaden: Gabler.

Schild, K., & Brück, H. (2010). *Energie-Effizienzbewertung von Gebäuden: Anforderungen und Nachweisverfahren gemäß EnEV 2009.* Wiesbaden: Vieweg+Teubner.

Schlämmer. (2016). *Investitionsrechnung für Immobilien* (4 Ausg.). Freiburg: Haufe-Lexware.

Schuck, J. (2007). *Passivhäuser: Bewährte Konzepte und Konstruktionen.* Stuttgart: Kohlhammer.

Schwedt, G. (2013). *Experimente rund um die Kunststoffe des Alltags.* Weinheim: Wiley-VCH.

Sedlbauer, K., Schnuck, E., Barthel, R., & Künzel, H. M. (2010). *Flachdach Atlas: Werkstoffe, Konstruktionen, Nutzungen.* München: Institut für internationale Architektur-Dokumentation / deGruyter.

Sprengard, C., Trembl, S., & Holm, A. H. (2014). *Technologien und Techniken zur Verbesserung der Energieeffizienz von Gebäuden durch Wärmedämmstoffe : Metastudie Wärmedämmstoffe - Produkte - Anwendungen - Innovationen ; Bericht FO-12/12.* Stuttgart: Fraunhofer IRB.

Spruth, J. (2018). *Ratgeber Heizung: Wärme und Warmwasser für mein Haus.* Düsseldorf: Verbraucherzentrale.

Stahr, M. (2015). *Bausanierung: Erkennen und Beheben von Bauschäden* (6 Ausg.). Wiesbaden: Springer Fachmedien.

Stahr, M. (2018). *Sanierung von baulichen Anlagen: Nachhaltig - Ökologisch - Umweltgerecht.* Wiesbaden: Springer Fachmedien.

Stahr, M., & Hinz, D. (2011). *Sanierung und Ausbau von Dächern: Grundlagen - Werkstoffe - Ausführung.* Wiesbaden: Vieweg + Teubner.

Statista. (2019). *Anzahl der Wohngebäude in Deutschland in den Jahren 2000 bis 2017 (in 1.000).* Von https://de.statista.com/statistik/daten/studie/70094/umfrage/wohngebaeu de-bestand-in-deutschland-seit-1994/ abgerufen

Statistisches Landesamt Baden-Württemberg. (02 2019). *Konjunktur und Preise.* Von Energiepreisindex: https://www.statistik-bw.de/GesamtwBranchen/KonjunktPreise/VPI-LR.jsp?i=e abgerufen

Steiauf, T. (2017). *Die Produktgestaltung von Klimaschutzfonds als nachhaltiges Anlageprodukt für Privatanleger.* Wiesbaden: Springer Fachmedien.

Steico. (01 2019). *Steico zell: Holzfaser-Einblasdämmung.* Von https://www.steico.com/fileadmin/steico/content/pdf/Marketing/German/P roduct_information/zell/STEICOzell_de_i.pdf abgerufen

Streck, S. (2011). *Wohngebäudeerneuerung: Nachhaltige Optimierung im Wohnungsbestand.* Berlin: Springer.

Tewinkel, S. (2016). *Feuchtigkeits- und Schimmelschäden - Leitfaden für Eigentümer und Vermieter.* Freiburg: Haufe-Lexware.

Tietze, W. (2003). *Handbuch Dichtungspraxis* (3 Ausg.). Essen: Vulkan-Verlag.

Tokarski, K. O., Schellinger, J., & Berchtold, P. (2019). *Nachhaltige Unternehmensführung: Herausforderungen und Beispiele aus der Praxis.* Wiesbaden: Springer.

Trauthwein, D., Volkenant, K., Wolff, P. K., & Goldmann, M. (2008). *Gesund bauen und wohnen.* München: Rudolf Haufe Verlag.

Umweltbundesamt. (16. 07 2018). *Klimaschutzziele Deutschlands.* Von https://www.umweltbundesamt.de/daten/klima/klimaschutzziele-deutschlands abgerufen

Usemann, K. W. (2005). *Energieeinsparende Gebäude und Anlagentechnik: Grundlagen, Auswirkungen, Probleme und Schwachstellen, Wege und Lösungen bei der Anwendung der EnEV.* Berlin: Springer.

Uske, C. (2014). *Das Baustellenhandbuch für die Ausführung nach EnEV 2014* (2 Ausg.). Mering: FORUM VERLAG HERKERT.

VDI Zentrum Ressourceneffizienz GmbH. (2016). *VDI ZRE Publikationen: Kurzanalyse Nr. 7.* Von Ressourceneffizienz der Dämmstoffe im Hochbau: https://www.ressource-deutschland.de/fileadmin/user_upload/downloads/kurzanalysen/2014-Kurzanalyse-07-Ressourceneffizienz-der-Daemmstoffe-im-Hochbau.pdf abgerufen

Venzemer, H. (2014). *Bautenschutz: Innovative Sanierungslösungen.* Berlin: Beuth Verlag.

Venzmer, R., & Dimanski, H.-M. (2011). *Alles was Recht ist: Worauf ein Energieberater bei siener Tätigkeit achten muss.* Berlin: Beuth Verlag.

Verhoog, M. (2018). *Steuerung von Akteuren und Entscheidungen in Baunetzwerken: Eine netzwerkanalytische Untersuchung zur Sanierungsentschiedung im Haushalt.* Wiesbaden: Springer Fachmedien.

Volland, J. (2014). *Energieeinsparverordnung (EnEV) mit ergänzenden Vorschriften* (3 Ausg.). Heidelberg: rehm.

Vollenschaar, D. (2004). *Wendehorst Baustoffkunde* (26 Ausg.). Wiesbaden: Springer.

Weglage, A. (2010). *Energieausweis - Das große Kompendium: Grundlagen - Erstellung - Haftung* (3 Ausg.). Wiesbaden: Vieweg+Teubner Verlag.

Weis, A. D. (2015). *Wohnimmobilienmodernisierung und -sanierung: Möglichkeiten der Optimierung.* Hamburg: Igel Verlag.

Weizsäcker, von, C. C., Lindenberger, D., & Höffler, F. (2016). *Interdisziplinäre Aspekte der Energiewirtschaft.* Wiesbaden: Springer Fachmedien.

Weller, B., & Horn, S. (2017). *Denkmal und Energie 2017: Energieeffizienz, Nachhaltigkeit und Nutzerkomfort.* Wiesbaden: Springer.

Weller, B., & Scheuring, L. (2018). *Denkmal und Energie 2019: Energieeffizienz, Nachhaltigkeit und Nutzerkomfort.* Wiesbaden: Springer Fachmedien.

Weller, B., Fahrion, M.-S., & Jakubetz, S. (2012). *Denkmal und Energie.* Wiesbaden: Vieweg+Teubner.

Weller, B., Fahrion, M.-S., & Jakubetz, S. (2012). *Denkmal und Energie.* Wiesbaden: Vieweg + Teubner.

Wigger, H., Stölken, K., & Schreiber, B. (2012). *Nachträgliche Hohlraumdämmung : Leitfaden zur Anwendung* (2 Ausg.). Stuttgart: Fraunhofer-IRB-Verlag.

Willems, W. M. (2017). *Lehrbuch der Bauphysik: Schall - Wärme - Feuchte - Licht - Brand - Klima* (8 Ausg.). Wiesbaden: Springer.

Wosnitza, F., & Hilgers, H. G. (2012). *Energieeffizienz und Energiemanagement: Ein Überblick heutiger Möglichkeiten und Notwendigkeiten.* Wiesbaden: Springer Spektrum.

X-Floc Dämmtechnik-Maschinen GmbH . (o. J.). *X-Floc Pneumatic Insulation Technology.* Von Einblasverfahren: http://x-floc.com/de/einblastechnologie/einblasverfahren/ abgerufen

Zilch, K., Diederichs, C. J., Katenbach, R., & Beckmann, K. J. (2013). *Grundlagen des Bauingenieurwesens.* Berlin: Springer.